やさしく知りたい先端科学シリーズ 11

スマート農業

中野明正 著

創元社

はじめに

近年、日本では、さまざまな食料品の価格が急騰しています。これは、円安の影響が大きいとされますが、2019年以降、数年にわたりつづいてきた新型コロナウイルス感染症の影響や、ロシアのウクライナ侵攻に伴うエネルギーや食料の世界的な価格高騰など、私たちの食生活が世界の影響を受けていることを意識せざるを得ません。また、かねてより、日本の農業は労働力不足の深刻化や農業従事者の高齢化という課題を抱えており、さらに、毎年のように記録を塗り替える猛暑や激甚災害などの気象災害も頻発しています。

このような、昨今の突発的な事案が発生する前から、徐々に進行してきた食と農業のさまざまな課題は、厳しさがより現実味を帯び、顕著になってきています。スマート農業やアグリテックは、日本や世界の農業が抱えるこれらの課題を解決するために進められてきた研究開発です。そして、これらの課題解決の切り札として、スマート農業やアグリテックにさらなる期待が高まっているのです。

今こそ、本書がターゲットとするすべての階層の力を集結して、食と農業の課題解決に総力戦で臨む必要があります。本書では、多くの読者が理解できるように、農業や食料生産の現状分析や必要とされる取り組みに加え、今後予想される展望も記述しました。掲載されたデータは更新されていきますが、農業や食料生産に関する技術開発の考え方としては古びないように配慮しました。本書をきっかけに、ひとりでも多くの「志」のある読者が、スマート農業やアグリテックを理解・活用する新しい食と農業のプレイヤーとして、農業や食産業の活性化に携わられることを期待しています。

2024年3月　中野明正

Contents

Chapter

2

スマート農業とアグリテックの定義と政策

Chapter

3

先端科学技術の活用による農業技術革新

Chapter 4

農業と食の技術革新

Chapter

5 これからの農業と食のあるべき姿

Chapter 1

食料生産と消費の現状と課題

近年、日本や世界で注目のスマート農業やフードテック。その背景にあるのは、日本や世界が直面する農業と食に関するさまざまな課題解決への期待です。

Chapter 1

01

日本の農業･水産業の現状と課題

農業産出額の推移と現状

日本の農業総産出額は、第二次世界大戦後から急激な伸びを示し、1984年にピーク（11.7兆円）を迎えました。その後は長期的に減少傾向がつづいていましたが、2015年以降は増加傾向で推移しており、2020年は8.9兆円となっています。

品目別の割合では、コメは長期的に減少傾向で推移する一方、畜産や野菜は増加傾向で推移しています。また、若年層の農業従事者の割合は畜産や野菜の部門で高くなっており、コメ以外の産出額が大きい県の方が、１経営体当たりの生産農業所得が多いのです。消費者の需要の変化に応じた生産のシフトにより、畜産や野菜の産出額が増加傾向にあると考えられます。

日本の農業総産出額の推移

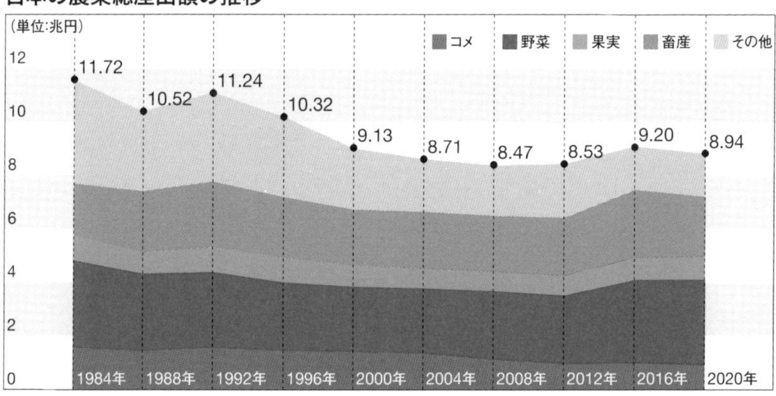

「畜産」は、生乳、肉用牛、豚、鶏卵、ブロイラー、その他畜産物の合計。「その他」は、麦類、雑穀、豆類、いも類、花き、工芸農作物、その他作物、加工農産物の合計。農林水産省「生産農業所得統計」をもとに作成

水産業生産額の推移と現状

2020年の水産業（漁業・養殖業）の生産額は約1.3兆円で、ピーク時（1982年、約3兆円）の半減以下でした。2019年12月に中国で報告された新型コロナウイルス感染症（COVID-19）拡大の影響によるホタテガイの輸出低迷やマグロ類等の外食需要の低下、その後の国際情勢の不安定を要因として、2024年3月時点では、回復傾向にはありません。分類別の割合では、遠洋、沖合、沿岸漁業の生産額がピーク時から大きく減少する一方、海面養殖業や内水面漁業・養殖業の生産額は維持され、水産業の中で重要なカテゴリーになっています。今後は、管理がしやすく集約的な養殖に、より焦点が当たってくると考えられ、この分野でもスマート技術への期待が高まってくるでしょう。農業、水産業にかかわらず、食産業全体を見渡した基盤技術としてのスマート化が必要です。

食の持続的供給の観点から

日々の命をつなぐ栄養素としては、炭水化物、タンパク質、脂質、ビタミン、ミネラルの5大栄養素が必要で、農業産品や水産品は、これらを供給する重要な食材です。一方、国内生産の状況は、それらを担う人の減少や高齢化、また必要となるエネルギーや資源の調達状況など、さまざまな“力学”の作用の結果として今日の状況になっています。また、このような“力学”は国内外の環境変化により、急激に変化することも考えられます。

今後どのように食を維持していくのか、現状のトレンドを理解しつつ、不測の事態にも備えて、どのような農業や水産業と食品供給があるべき姿なのか、発展するフードテック（→P.038）をどのように活用していくのか、私たちは知恵を絞る必要があります。

Chapter 1

02

日本における食料自給の変遷と世界の飢え

カロリーベースと生産額ベースの自給率

「食料自給率」とは、食料供給に対する国内生産の割合を示す指標です。なかでも、供給熱量ベースの総合食料自給率は、生命維持に不可欠な基礎的栄養価であるエネルギー（カロリー）に着目したもので、コメや小麦などの主食や、さまざまな食品の原料となる砂糖、でん粉、油脂の生産と輸入状況の動向が反映されます。

日本のカロリーベースの総合食料自給率は、1965年は73%でしたが、2020年には37%と半減しています。2020年は、コメの消費が減少していること、特に作柄が良かった前年よりも小麦の単収が減少したこと、輸入依存度の大きい砂糖、でん粉、油脂類等の消費が減少したことなどが総合的に作用して、前年度より1ポイント低下して37%になりました。この値は、1993年、2018年と並び、過去最も低い値です。私たちの食料供給が大きく海外に依存していることを、改めて認識する必要があるでしょう。

一方、生産額ベースの総合食料自給率は食料の経済的価値に着目したものです。エネルギー含有量が比較的少ないものの、付加価値の高い野菜や果実等の品目の生産活動を、より適切に反映させることができる指標です。2020年は、野菜や果実、さらに鶏肉や豚肉の国内生産額が増加したこと、魚介類や肉類の輸入額が減少したこと等により、前年度より1ポイント上昇して67%になりました。これらの指標には問題はあるものの、一定の基準で全体を見渡す合理的な指標は必要です。

日本の総合食料自給率の推移

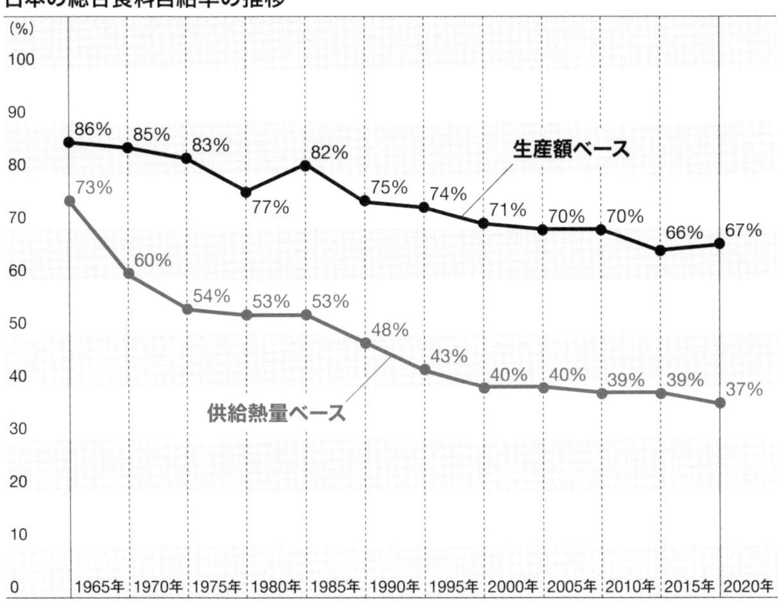

農林水産省「食料需給表」をもとに作成

食生活の歴史と飢え

人類は、その誕生の250万年前から、農耕がはじまる1万年前まで、野生の動植物を食べながら進化してきたようです。その間、食料は人口増加の大きな制限要因のひとつでした。農耕がはじまるまでは低糖質、高タンパク質、高脂質食であったのが、農耕の導入により穀類が生産されて相対的に高糖質の食生活となり、高カロリーの現在へと至っています。一方、現在に至るまでにも多くの飢饉が発生しています。たとえば、1845年のジャガイモ疫病によるアイルランドの飢饉では、100万人が餓死したと言われています。FAO（国際連合食糧農業機関）等が公表した「世界の食料安全保障と栄養の現状2022」では、2021年の飢えに苦しむ人の数は、約8億2800万人にのぼると報告されています。

Chapter 1

03

若年層の農業従事者の確保と定着

農業従事者の高齢化と若年層確保の必要性

農業従事者は、稲作、露地野菜、施設野菜、酪農などの部門に分類されます。いろいろな部門の生産を行った場合、販売金額の一番多い部門が経営体の販売金額の8割以上を占めると「単一経営農家」と呼ばれ、販売金額の8割以上を占める部門がひとつもない農家は「複合経営農家」と呼ばれます。そして、農業に主として従事した世帯員のうち、1年間のふだんの主な状態が農業に従事していた者を「基幹的農業従事者」と呼びます。

日本における基幹的農業従事者は、長期的に減少傾向です。2020年は136万人で、2015年の176万人と比べると22%減少、2005年の224万人からは39%減少しています。また、基幹的農業従事者に占める65歳以上（高齢層）の割合は、2015年の65%（114万人）から2020年には70%（95万人）に増加し、高齢化が顕著になっています。一方、49歳以下（若年層）の割合は、2015年の10%（17.4万人）から2020年の11%（14.7万人）と、ほぼ横ばいです。今後、農業の持続的発展には若年層の確保と定着が必要であり、そこでの「スマート農業」の広がりに期待がかかります。

若年層が多い酪農や施設野菜分野

2020年の基幹的農業従事者における49歳以下の分野別割合は、酪農で31%、施設野菜で21%となっています。酪農や施設野菜の分野に若年層が多い理由として、経営体の農業所得が比較的大きいことが挙げられます。若年層の定着には、経済的な安定が大きなインセンティブになるようです。日本の農業の持続的な発展のためには、若年層の農業従事者の確保・定着が必要です。そのため、酪農や施設野菜のように伸びている分野を、「スマート農業」で活性化することの優先順位が高いのです。

「デジタルネイティブ」と呼ばれる若い世代には、デジタルツールを使いこなす人材が多いため、今後農業を担う若年層にターゲットを絞ってスマート農業技術の普及を図ることも必要です。また、高齢層が培ってきた農業技術を効率的に次世代に継承していくことも重要です。若年層と高齢層をつなぐ技術としての「スマート農業」の役割もあります。

2020年の基幹的農業従事者における分野別年齢構成

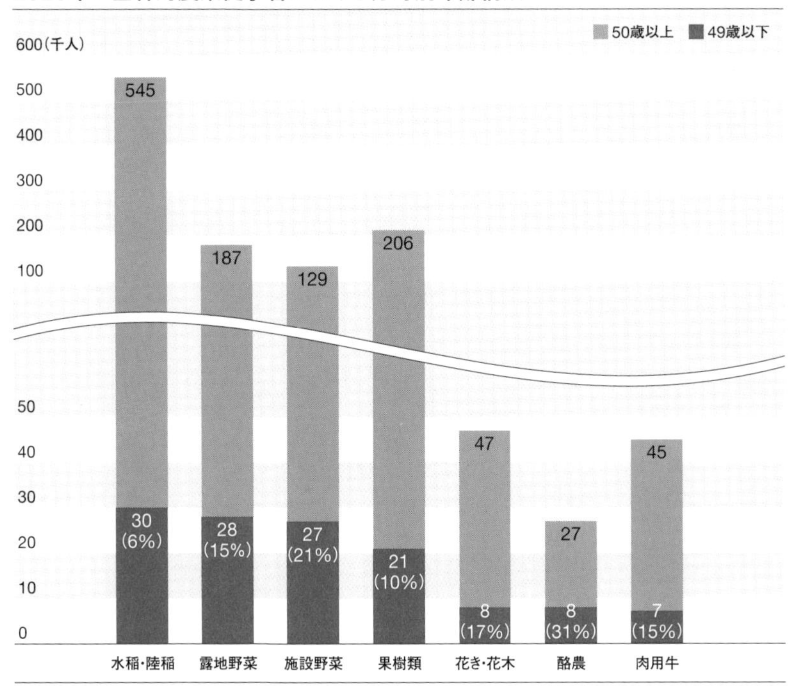

農林水産省「2020 年農林業センサス」結果をもとに作成

Chapter 1

04 荒れる日本の農地

耕作放棄地や荒廃農地の増加

日本の農地面積は、主に、宅地等への転用や荒廃農地の発生等により、農地面積が最大であった1961年の609万ha（田339万ha、畑270万ha）から減少しつづけ、2019年には440万ha（田239万ha、畑200万ha）にまで減少しました。

「耕作放棄地」とは、「以前耕作していた土地で、過去1年以上作物を作付けせず、この数年の間に再び作付けする意思のない土地」と、農林水産省が定義しています。その面積は、2015年には42.3万haにも達しています。一方、「荒廃農地」は、「現に耕作に供されておらず、耕作の放棄により荒廃し、通常の農作業では作物の栽培が客観的に不可能となっている農地」と定義されています。耕作放棄地よりも荒廃農地のほうが、一段進んだ荒れた農地ということになるでしょう。荒廃農地の面積は、2018年には28万haで、そのうち、再生利用可能なものが9.2万ha、再生利用困難なものが18.8万haと見積もられています。

荒廃農地は農産物が生産できないだけではなく、病虫害や鳥獣害の原因となる生物の繁殖、自然災害の発生、廃棄物の不法投棄の助長など、周辺に影響する他の問題をも引き起こします。再生利用困難な荒廃農地への移行を阻止し、農地へと戻すことが、"資産"を有効に活用する面でも重要です。

農地バンクによる農地の集積・集約化

このように農地が荒れる前に、農業の担い手への農地の集積・集約化が望まれます。農地の集積・集約化により、効率的な農業経営が可能となります。こうした要望を受け、2014年に農地中間管理機構（通称「農地バンク」）が発足しました。農地バンクは地域内に分散する農地を借り受け、条件整備を行い、農業の担い手へ再配分することで、農地の集約化と担い手への橋渡しの機能を担っています。

農地バンクの活用により、地域の話し合いも活発になり、農地の再配分が加速化しています。たとえば、地域関係者との連携のもとに、県外から企業を誘致した地区等、全国でさまざまな優良事例が見られるようになりました。このような取り組み以降、農業の担い手への農地集積率は年々上昇傾向にあり、2014年の50.3%から2020年には2.7万ha増えて58.0%となっています。一方、2023年の目標80%は未達成であり、さらなる取り組み強化が望まれます。ここでも農地情報のデータ化（スマート化）がキーとなります。

Chapter 1

05

日本と世界のエネルギー事情

エネルギーと農業

食料生産の根本となる「光合成」は光エネルギーを利用してCO_2を有機物に固定するプロセスです。つまり、本来農業は地球上における重要なエネルギー生産産業なのです。しかし、現代の農業は、さまざまな資材や機械を使用して、高い効率の食料生産を達成してきました。農業生産の効率を高めるエネルギーや資材の多くは、農業でつくり出されるエネルギーではなく化石資源です。植物が長い年月をかけて固定・蓄積した化石資源を食いつぶす形で、現在の農業生産が維持されている構図なのです。農業における生産量を飛躍的に向上させた化学肥料や農薬、機械、灌漑など、現代農業に不可欠な技術群は化石燃料に依存しています。そのため、スマート農業やフードテックを論じる上で、農業と食とエネルギーの関係をおさえておく必要があるのです。

近年もそうですが、過去にもオイルショックなど、原油価格の急騰は繰り返されてきました。しかし、それは一時的な場合が多く、長期的にはエネルギー価格は安定しているとも言えます。そのため、大量のエネルギー投入を前提にした農業生産システムが定着してきた経緯があります。国内の年間エネルギー消費約15000PJ（ペタ・ジュール＝千兆〈10の15乗〉ジュール、1ジュール≒0.239カロリー）のうち、農業は0.8%（二酸化炭素換算では0.7%）と、産業全体における割合は高いとは言えません。しかし、SDGs（→P.022）など、社会全体で地球温暖化対策や脱化石燃料が加速化される流れにある昨今、農業だけ例外ということはありません。

農業におけるエネルギー消費の概要

農業におけるエネルギー消費には直接消費と間接消費があります。直接消費は農業生産現場で直接燃料や電力を使用することにより消費されるエネルギーです。トラクターや収穫機、乾燥機、灌水装置などを動かすための燃料や、ハウスや畜舎の照明や冷暖房などで使用する電力があります。一方、間接消費は農業生産に利用する肥料や農薬、ビニール資材、機材などの製造から輸送までに要したエネルギーです。

スマート農業で重要な生産分野である施設野菜や花き・花木類は、栽培面積は少ないが農業産出額は大きな生産分野です。しかし、この生産分野は経営費に占める光熱動力費の割合が高く、直接エネルギー消費は重油に依存しているため、原油価格高騰の影響を受けやすい生産分野です。原油価格は地政学上のリスクや為替、国際的な商品市況の影響により乱高下を繰り返しており、短期的な価格の見通しを立てることが困難です。また、長期的に見れば原油価格は上昇トレンドにあるため、燃料依存からの脱却に向けた取り組みとともにスマート化によるさらなる効率化が求められています。

Chapter 1

06 日本の肥料事情

現在の作物生産に不可欠な化学肥料

農産物の生育に必要不可欠な必須元素は17元素あります。なかでも、窒素（N）、リン（P）、カリウム（K）は「肥料の３要素」と呼ばれ、作物が生育するために必要とする量が多いため、生産圃場（ほじょう）において不足しやすい元素でもあります。これらの必須元素を含む肥料を、タイミングよく適量、作物に与えることにより、収穫量を最大化できます。また、肥料を与えることで効率よく収穫が増えるように、作物の品種が開発されてきた経緯もあります。現在の食料供給を維持するためには、特に、肥料の３要素は必要不可欠なのです。

貿易統計や肥料関係団体からの報告によると、日本はこれら３要素を含む肥料のほとんどを海外に依存しています。また、資源の特徴として、肥料原料は世界的に偏在していることも挙げられます。

たとえば、窒素の形態のひとつであるアンモニウムイオン（NH_4^+）と、リンをその構成成分に含むリン酸アンモニウムは、中国に90%、米国に10%を依存しています。また、カリウムの供給肥料である塩化カリウムは、カナダに59%、ロシアおよびベラルーシに26%依存しています。そして、窒素の形態のひとつである尿素〈$(NH_4)_2CO$〉は、マレーシアに47%、中国に37%依存し、国内生産はわずか4%です。このように、日本は化学肥料原料の大部分を限られた国からの輸入に依存しているのが現状であり、国際情勢が不安定になった場合に備えた戦略が重要です。

使用量の削減が進む化学肥料や農薬

1990年から2010年までの、約20年間の肥料および農薬の使用量に関するトレンドを見ると、単位面積当たりの化学肥料需要量は、窒素肥料で12kg／10aから9.3kg／10aへと22%の低減が図られ、農薬出荷量は42%の低減が図られています。これは、1990年以降に加速化した「環境保全型農業」への取り組みにより、資源やエネルギーに依存する農業からの脱却が進んできていることの証左でもあります。また、現状からさらなる削減を目指す方針が「みどりの食料システム戦略」（→P.056）に明記されています。

もともと大きなトレンドとして進行していた「環境保全型農業」の取り組みは、昨今の気象災害や国際情勢の不安定化によるエネルギーや資源価格の高騰に伴い、そのペースをさらに上げる必要が生じています。そして、肥料および農薬のさらなる削減には、新しい技術の導入やイノベーションが必要で、スマート農業技術が脚光を浴びる一因にもなっています。

肥料の3要素と役割りの例

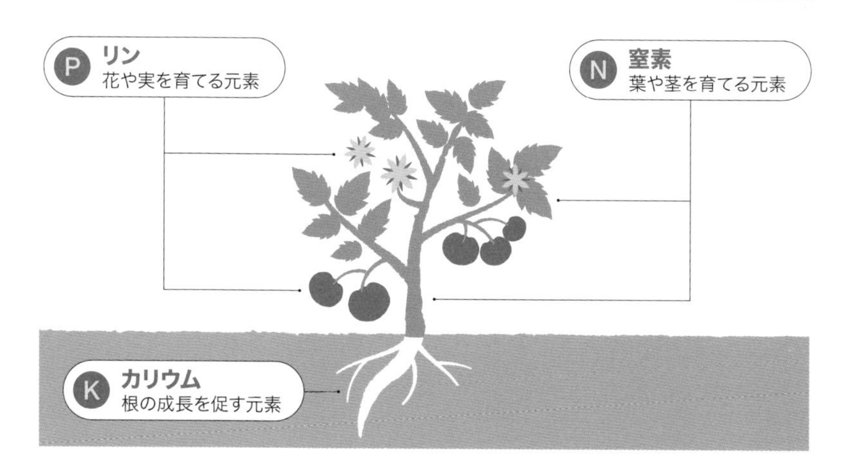

Chapter 1

07

SDGsと プラネタリー・バウンダリー

農業と食に関する目標も含まれるSDGs

「持続可能な開発目標(SDGs：Sustainable Development Goals)」とは、2001年に策定された「ミレニアム開発目標(MDGs：Millennium Development Goals)」の後継となる、国連の開発目標です。2015年9月の国連総会で採択された「我々の世界を変革する：持続可能な開発のための2030アジェンダ」と題する成果文書で示された具体的行動指針です。2030年までに実現する17のゴール、169のターゲットからなり、その前文には「地球を癒やし、安全にする」そして「誰一人置き去りにしないことを誓う」と、高い志が掲げられています。

SDGsは、スマート農業を推進するにあたり、解決すべき問題の核心を提示しています。農業に関連するものとして、「飢餓を終わらせ、食料安全保障及び栄養改善を実現し、持続可能な農業を促進する」という目標があります。具体的には、「2030年までに飢餓を撲滅し、すべての人々、特に貧困層および幼児を含む脆弱な立場にある人々が、一年中安全かつ栄養のある食料を十分得られるようにする」という、世界を挙げて取り組むべき普遍的かつチャレンジングな目標があります。

また、「持続可能な消費と生産のパターンを確保する」という目標には、「2030年までに、小売・消費レベルにおける世界全体の一人当たりの食品廃棄物を半減させ、収穫後損失などの生産・サプライチェーン(→P.031)における食品の損失を減少させる」とあります。

これについては、日本を含む先進国の責任は重いと言えます。日本は食料やその生産に必要な多くの資源を海外からの輸入に頼っていますが、現状その半分近くを捨てているからです。

越えると危機的な境界線

このような国際的合意が得られたのは、今着手しなければ取り返しのつかない状況に地球全体が陥ってしまうという危機感が共有されたからです。ここを越えてしまったら危機的だという境界線（プラネタリー・バウンダリー、地球の限界）は、SDGs構築の基礎となった概念です。

農業技術に関連する具体的な項目には肥料の問題があります。窒素とリンの循環システムは崩壊し、限界を突破しているとの認識です。そして、環境破壊に伴い、生物種の絶滅率の高さも危機的な状況です。遅きに失しているとはいえ、何もしないわけにはいきません。むしろ、農業研究はこれらの部分で貢献すべきでしょう。たとえば、肥料成分が環境に放出されないように効率的に施肥する技術や循環的に肥料を利用する技術、産業廃棄物を積極的に利用する技術、生物多様性を維持・増進する農業の推進など、スマート農業技術にも、問題のさらなる悪化を抑制し、持続的な発展の方向に歯車の回転を戻す立役者となることが期待されます。

Chapter 1

08

自然災害からの復興と強靭化

自然を相手にする農業の宿命

世界における飢饉の歴史を振り返ると、その主な発生原因は、低温や寡日照(かにっしょう)など、気象条件に端を発した食料生産の低下です。そして、それを制御しきれないのは農業の宿命です。特に、日本は自然災害が多く、古くから「地震、雷、火事、親父（一説には、台風の意味がある）」と恐れられる対象でした。近年では、2016年の熊本地震、2024年の能登半島地震、2019年には台風が立てつづけに本州に上陸するなど、大規模な自然災害により、農作物や農地・農業用施設等に甚大な被害が発生しています。農林水産関係では、過去10年、年間2000億円規模の自然災害による被害が発生し、特に2016～2019年の被害額は、年間5000億円レベルで推移しました。科学が発達し、予測や制御も技術的に発展しましたが、異常気象に伴う豪雨等の大規模な自然災害の発生頻度は増加傾向にあります。

求められる早期の復旧と復興支援

自然災害により被災した農業従事者へは、早期の営農再開に向けた支援が必要です。また、被災を機として、自然災害への対応強化と一体的に作物転換や規模拡大、生産性の向上等を図る取り組みを支援するのです。つまり、自然災害を未然に防ぐ対策を着実に行いながら、災害を逆手に取って農業の発展へとつなげる発想も必要です。今後、さらなる激甚化が予想される自然災害に対応できるように、復旧と復興支援を農業生産現場の強靭化につなげる必要があります。

ハウスなどの農業用施設は、自然災害による被害が顕著に表れます。技術で解決する以上に、しくみでのサポートも重要で、ハードとソフト両面から災害に備える必要があります。たとえば、「園芸施設共済」では、ハウスの新築時の資産価値まで補償できる特約や少額の損害から補償できる特約といった補償の充実や、ニーズを踏まえたメニューの見直しなどが行われており、2020年度の加入率は66%まで増えています。

近年発生した災害の中で忘れてはならないのが、2011年の東日本大震災です。岩手県、宮城県、福島県の3県を中心とした東日本の広い地域に甚大な被害が発生し、2020年までの復興期間に、さまざまな取り組みで農業復興がなされてきました。そして、2021～2025年度までを「第2期復興・創生期間」と位置付け、引き続き、被災地の復興に向けた取り組みが進められています。

デ・リーフデ北上では、農林水産省の「次世代施設園芸導入加速化支援事業」を活用して、被災地である宮城県石巻市にフェンロー型ハウスを整備し、スマート化した施設でトマトとパプリカを生産している（画像提供：デ・リーフデ北上）

Chapter 1

09

鳥獣害の発生や水産資源の変動管理

鳥獣害や不漁の発生原因と効果的な対応に向けて

シカやイノシシ、鳥類などの野生鳥獣による農作物被害額は、2010年の239億円をピークに減少傾向で推移し、2019年には158億円で下げ止まったかに見えます。このような鳥獣による被害の推移は、圃場の管理とも密接に関係しています。つまり、農業人口の減少によって荒廃農地が増加することにより、野生鳥獣が里山まで下りてくることが、ひとつの要因です。また、生産をやめた果樹などが放任されることも、野生鳥獣を里山へ誘引する原因になっています。農業にとって野生鳥獣は、気象と同様に、制御するのが極めて困難な対象であり、いかにして共存していくのかを考えることも重要な視点です。

鳥獣害への具体的な対応として、捕獲活動や侵入防止柵の設置、藪の刈り払い、放任果樹の伐採等が実施され、野生鳥獣の生息環境が管理されることで被害額が低下してきました。そして、農林水産省は、捕獲個体の食肉処理施設への搬入促進や需要喚起のためのプロモーションの実施等に取り組んでおり、捕獲した野生鳥獣は外食や小売、学校給食、ペットフードなど、さまざまな分野へのジビエ利用が進んでいます。さらなる被害額の減少に向けて、今後は地域毎に被害状況を精緻に把握し、現場にあった効果的な対策を行うための簡易なモニタリングなど、より細かな対策にスマート農業技術の活用が有効です。

水産資源の変動も、魚類の繁殖および移動が気候に大きく影響されるために、管理が極めて困難な対象と言えます。たとえば、スルメイカの場合、その産卵海域である東シナ海の水温が産卵や生育に適さなかったことが、近年の不漁の一因と考えられています。

スマート技術による鳥獣害や水産資源の管理

鳥獣害や水産資源の管理は自然を管理することと等しく、極めて困難な課題です。まず、鳥獣害の発生や水産資源の変動をより細かくモニタリングすることが、個体管理の基礎的なデータになります。そして、複数年にわたる長期的なデータを収集整理するとともに、さまざまなデータに基づき、環境と個体数の動態を科学的に分析する必要があります。そのため、これらのデータを継続的に収集する体制を構築していくことが極めて重要であり、この点においてもスマート技術の導入促進が必要不可欠なのです。

鳥獣害対策5か条

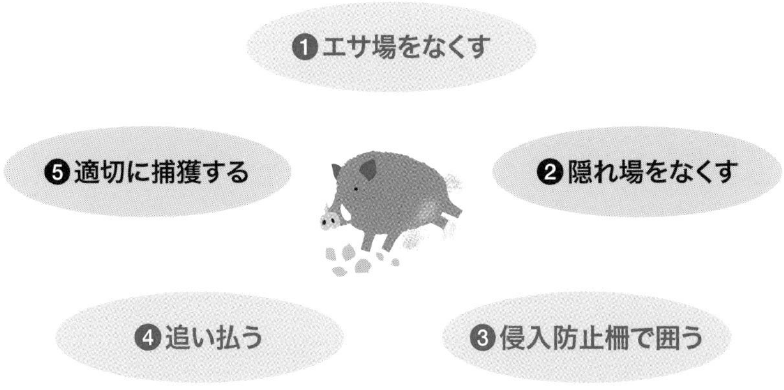

❶エサ場をなくす
❷隠れ場をなくす
❸侵入防止柵で囲う
❹追い払う
❺適切に捕獲する

効果的な鳥獣害対策は、対象動物や被害状況に応じて変える必要がある。対象動物の行動確認や侵入防除、捕獲、追い払いにおいては、ドローンやAI技術などが活用されている

Chapter 1

10

日本の農産物貿易自由化の歴史

戦後の食料不足と農産物輸入

日本では、第二次世界大戦後の深刻な食料不足に対し、緊急開拓事業や化学肥料増産等の食料増産対策が講じられました。しかし、これだけで戦後の危機的な食料不足を克服することはできず、特に米国からの食料援助と輸入によって、必要な食料が確保された経緯があります。このとき、自由化品目は低関税、農業保護品目は価格政策という、戦後における農産物貿易体制の路線が引かれました。1950年代に入り、日本の食料不足は解消されましたが、米国の余剰農産物処理という意図も大きい農産物輸入が継続されました。

輸入自由化の進展

戦後、日本が加盟してきた農産物貿易体制を概観すると、まず、保護貿易政策等が第二次世界大戦を引き起こすことにつながったという反省から、1947年に、貿易に関する国際的な枠組みとしてGATT（関税及び貿易に関する一般協定）が誕生しました。日本は1955年に加盟し、以降、段階的に農産物の輸入自由化が進みました。

GATT加盟により、日本は貿易自由化の義務を負うことになり、まず121品目が自由化され、1962～1964年にかけて、輸入制限品目は約4分の1に減少しました。そのうち、農産物は大豆、鶏肉、バナナ、粗糖、レモン等が自由化され、貿易交渉では、輸入制限品目全体の6割を占める農林水産物が矢面に立つ状況がつづきました。

その後、米国からのさらなる農産物自由化の要求により、1969 年に 73 品目あった農林水産物の輸入制限品目は、1974 年には 22 品目にまで減少しました。1986 年、米国は日本の輸入数量制限農産物 12 品目が GATT 違反であるとして提訴し、プロセスチーズ、果汁、トマト加工品等 7 品目の輸入数量制限が撤廃されました。さらに米国は牛肉についても GATT に提訴し、結果、1991 年に牛肉とオレンジの輸入数量制限が撤廃されることで合意されました。

1986 年に開始されたウルグアイ・ラウンド交渉では、これまでの輸入自由化の議論に加え、国内農業政策までが交渉の対象となりました。その結果、1993 年に、当時最大の焦点であったコメの輸入については関税化を拒否し、ミニマム・アクセスの数量上乗せを受け入れることになりました。GATT 体制強化のため、貿易ルールを運営する国際機関として、1995 年に WTO（世界貿易機関）が発足し, 2001 年からドーハ・ラウンドがはじまりました。しかし、2008 年の交渉決裂以降、交渉は継続されながらも停滞していましたが、2021 年の米国バイデン政権発足以降、活性化の兆しが見られます。このように、日本の農業は第二次世界大戦の影響を大きく受け、国際経済情勢に翻弄されてきたように見えます。日本の大半の農産物の関税率は 3% 程度であり、十分低水準です。今こそ、疲弊する国内農業をスマート技術で活性化し、自給力・輸出力を高める必要があります。

Chapter 1

11

国際貿易の枠組みの変遷と現状

多国間貿易から二国間や地域内貿易へ

日本の農産物は関税が撤廃され、自由貿易の状態に移行しています。一方で、日本の農林水産業が将来にわたって安定した食料供給を行えるような視点で、輸出重点品目の関税撤廃等、日本の農林水産物や食品の輸出拡大につながるような国際交渉が行われる必要があり、交渉の成果が求められます。

国際貿易の枠組みには、WTO 以外にもさまざまなものがあり、それぞれ参加する地域や交渉国が異なります。WTO の多国間貿易交渉が停滞する中、二国間や地域内で貿易や投資の拡大を目指す EPA（経済連携協定）や FTA（自由貿易協定）を締結する動きが見られるようになりました。世界的に見た EPA や FTA の締結は、2021 年 6 月時点で 366 件に達し、これは世界経済の約 8 割を占める巨大な市場に相当します。

日本は WTO 体制を重視し、EPA や FTA は「WTO 体制の補完的手段」と位置付けていましたが、2002 年の日本とシンガポール間の EPA 締結を皮切りに、2010 年には「包括的経済連携に関する基本方針」を発表し、積極的に EPA や FTA を推進するようになりました。結果、2021 年度末時点で 21 件の協定が発効済または署名済で、輸出先国の関税撤廃等の成果を最大限に活用し、日本の強みを活かした品目の輸出を拡大していく流れにあります。

貿易の完全自由化を目指すTPP

二国間の交渉だけでは非効率な部分もあるため、地域でまとまって交渉する動きが4つ出てきました。その筆頭がTPP（環太平洋パートナーシップ協定）です。他の3つはまだ交渉中ですが、日本とEUとの間のEPA、米国とEUとの間のTTIP（環大西洋貿易投資連携協定）、インド、中国、韓国、ASEAN全加盟国などが参加するRCEP（東アジア地域包括的経済連携）があります。

TPPはチリ、ニュージーランド、ブルネイ、シンガポールの4か国の自由貿易圏を母体として、米国や豪州、日本など、8か国が加わる経済連携協定として展開しました。農業分野を含めて、貿易自由化の例外を原則的に設けておらず、100％の関税撤廃を目指す協定です。2018年12月発効のTPP11協定では、TPP加盟国を相手に輸出・輸入をする際には低い関税率を使えることが大きなメリットとなって、貿易の活性化につながっています。また、2020年8月の第3回TPP委員会では、TPP11の参加国が一致して自由貿易を推進することを宣言し、新型コロナウイルス感染症拡大により影響を受けやすいサプライチェーン（原料調達から製造、物流、販売などを経て、製品が消費者に届くまでの一連の流れ）の強靭化や、感染症対策の中で注目を集めるデジタル技術の実装について、さらなる協力を進めることで意見が一致したとされています。

Chapter 1

12

食の質を確保する食品供給システム

食品に起因する感染や中毒症状

食品供給システムが目指すのは、高品質なものを安定生産することです。その中で、人に対する危害因子が含まれていないことが食の大前提です。スマート農業のように、さまざまな先端技術を活用することにより食の質を確保します。

食品に起因する主な疾患の病態には感染や中毒症状があります。そしてその原因は生物（細菌、ウイルス、寄生虫など）と化学物質に大別され、これらを含んだ食べ物や飲み物を身体に摂取することで発生します。食品に多い食中毒菌・ウイルスにはサルモネラ属やカンピロバクター属、腸管出血性大腸菌（O(オー)-157)、リステリア菌、ノロウイルスなどがあり、これらは食品で最もよくみられる病原体です。世界中で年間数百万もの人が感染し、吐き気や嘔吐(おうと)、下痢を起こします。生食は日本食の特徴でもあるため、モニタリングなどにより安全を担保する必要があります。

自然界に存在する毒物にはカビ毒、海洋性生物毒、シアン発生性配糖体等の天然毒があります。穀物に発生するカビ毒（アフラトキシン等）は、長期間摂取により免疫系に影響し、発がん性もあります。また、残留する有機汚染物質（POPs）は、環境中や人体、食物連鎖の中で蓄積し、免疫系に障害を与え、ホルモンを阻害するだけでなく発がん性もあります。さらに、鉛、カドミウム、水銀などの重金属類による食品の汚染は、主に大気や水、土壌の汚染に起因し、神経や腎臓に障害を与えます。

望まれる安全な食品供給システム

グローバリゼーションは消費者の多様な食品への需要を増大させ、食品の流通を複雑かつ長距離にしています。今後、世界の人口が増加するにつれて、食料需要の増加に対応するための農産物や畜産物の生産増強と産業化に加え、食品の安全にも十分配慮する必要があります。経済や貿易、観光は安全な食品の供給により発展します。一方で、気候変動は気温の変化を引き起こし、食品の生産、貯蔵、流通に伴う安全のリスクを増加させるのではないでしょうか。

安全性を欠いた食品は健康への脅威になります。とりわけ、乳幼児や妊婦、高齢者、基礎疾患のある人々にとってはハイリスクになります。食品の流通全体において、供給者が責任をもって管理し、生活者に安全な食品を供給するための有効かつ安全な食品供給システムが望まれます。具体的には、農産物生産現場において、投入する資材をGAP（農業生産工程管理）（→P.133）によって適正に管理され、食品製造工程において、HACCP（危害要因分析重要管理点）によるモニタリングと管理が実行されます。

食中毒の分類

細菌性	感染型	サルモネラ属、カンピロバクター属、腸管出血性大腸菌（O-157）、リステリア菌、腸炎ビブリオ、ウェルシュ菌など
	毒素型	黄色ブドウ球菌、セレウス菌、ボツリヌス菌など
ウイルス性		ノロウイルスなど
自然毒	動物性	フグ毒、貝毒など
	植物性	毒キノコ、トリカブト、スイセン、カビ毒など
寄生虫		アニサキス、クドア、クリプトスポリジウムなど
化学性		農薬、重金属類など

Chapter 1

13

「飢え」を減らす食料の安定供給

飢饉と飢餓

経済的な豊かさを手に入れた日本では、とかく「食の安全」にフォーカスされがちでした。しかし昨今は、国際情勢を背景にした資源高が進んだことにより、食料そのものが安定的に供給されるのかという「量のリスク」が強く意識されるようになってきました。はたして「飢え」は過去のことなのでしょうか。

飢饉とは、特定の地域における食料生産や流通システムの失敗による、急激かつ極端な食料不足を意味します。比較的範囲が狭く、短期間に発生する現象と言えます。具体的な飢饉の例としては、1845～1849年のアイルランド飢饉、1943年のベンガル飢饉、1973年のエチオピア飢饉、1974年のバングラデシュ飢饉があり、それぞれに原因が解析されています。日本でも、記録として残っている567年以降、506件の飢饉が発生しています。それぞれの原因は、日照り（24%）、水害（19%）、風害（7%）、地震・津波（7%）、鳥獣害（3%）などとされています。今後も、このような制御しきれない自然現象のリスクに対峙していかなければなりません。

飢餓の発生原因は、第1に飢饉、第2に慢性的な貧困とされています。そして飢餓は、FAOにより「エネルギーを十分に摂取できないことによる不快感や痛みを与える身体感覚のことを意味し、活動的で健康的な生活を送るために十分なエネルギーを定期的に摂取しないことにより慢性化する」と定義されています。つまり飢餓は、慢性的栄養不足ということになります。

飢饉は、はっきりとした事象として認識されますが、飢餓は、飢饉に比べて期間が長く、十分に食料を得ることができない状態が最低1年間つづきます。これからの国際社会は、自然災害などによる突発的な飢饉の発生を制御するとともに、慢性的につづく飢餓を減らす取り組みを進めなければなりません。

世界人口の急増と飢餓人口の現状

飢餓の撲滅はSDGsの目標にも掲げられています。しかし、長期的視野で見た場合、人口増加が急速に進んでいる中で、環境を維持しながら飢餓をなくすことは、極めて困難な状況にあることを認識しておく必要があります。FAOの報告では、飢餓人口は2013年までは減少基調にありましたが、その後、増加に転じています。また、2021年には新型コロナウィルス感染症のダメージから世界が回復し、食料安全保障が改善しはじめると期待されていましたが、実際は格差の悪化により飢餓人口が増加しています。2021年の地域別飢餓人口は、アジア地域で4億2500万人、アフリカ地域で2億7800万人、ラテンアメリカ地域で5650万人とされ、今後の人口増加が著しいアフリカ地域で確実な対策を講じていく必要があります。

歴史を振り返ると、1970年代にFAOが発表した1980年の世界の食料需給は、「穀類や油脂が過剰となる」という見通しでした。その背景として、品種改良や化学肥料などの技術革新により食料増産が図られた「緑の革命」が展開していくことへの過大評価がありました。そして、「緑の革命」への期待に起因する穀物価格の低下により、増産努力が怠られる「油断」があったとされています。さらに、2000年代初頭も世界的に食料の在庫が多く、ここでも「油断」が誘発されました。

ここで重要なのは、長期的視点に立って農業と食料供給を考えることです。食料価格が低いことは良いことばかりではないようです。食料価格が低すぎるとフードロスが増える傾向があるからです。食料は適正な価格に維持しつつ、さまざまなリスクに対応できるように強靭な食料生産・供給システムを構築していく必要があるのです。そのためには、政府や民間企業、研究機関など、さまざまなステークホルダー（利害関係者）が、品種開発や栽培技術、機械化技術に関して継続的かつ高度な研究開発投資を行うことが重要です。

世界の飢餓人口の年次推移

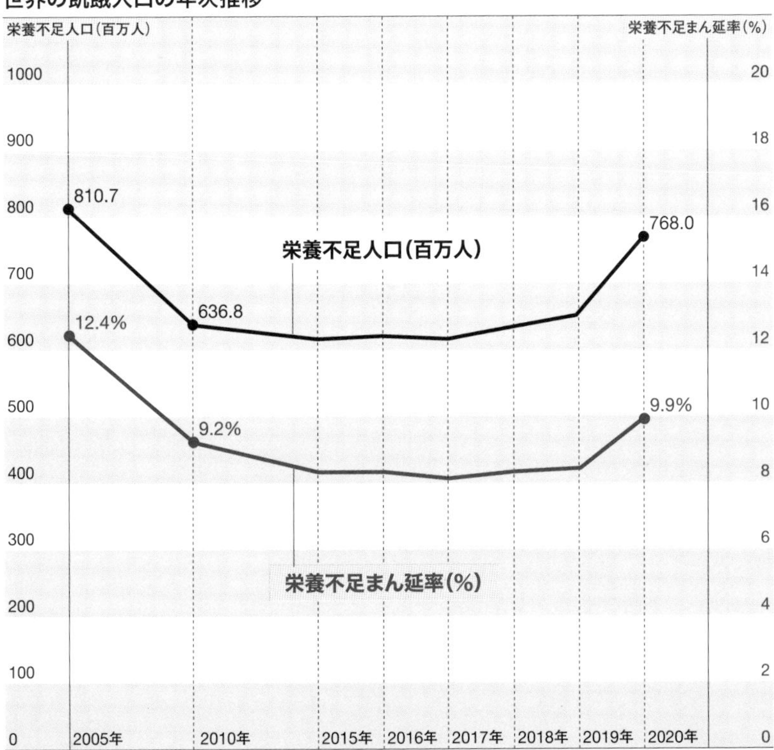

2005 年以降、減少傾向であった世界の飢餓人口は、2019 年から新型コロナウイルス感染拡大の影響を受けて増加に転じ、2020 年には、世界で約 8 億人が飢餓状態にある。国連食糧農業機関（FAO）などによる「The State of Food Security and Nutrition in the World 2021」をもとに作成

Chapter 2

スマート農業とアグリテックの定義と政策

さまざまな政策と農業技術群（アグリテック）のフル活用により、システムとしてのスマート農業の社会実装が推進されています。

Chapter 2

01

スマート農業を社会実装する必要性

スマート農業とアグリテックの位置付け

まず、本書における「スマート農業」と「アグリテック」の位置付けを明確にしておきます。農林水産省は、「スマート農業とは、ロボット技術や情報通信技術（ICT）を活用して、省力化・精密化や高品質生産を実現する等を推進している新たな農業のことです」と定義し、「スマート農業を活用することにより、農作業における省力・軽労化をさらに進めることができるとともに、新規就農者の確保や栽培技術力の継承等が期待されます」としています。つまり、高度な生産技術を駆使して、日本農業の直面する課題を解決することが大きな目標です。

しかし、農業の生産現場の問題を解決するだけでは食を含めた農業の問題は解決できません。そこで、農産物を生活者まで届ける工程（スマート農産物加工・流通技術）と、生産に欠かせない資材としての優良な種苗の開発（スマート育種技術）も視野に入れて取り組む必要があります。このあたりまで含めた技術群が、農業（Agriculture）と技術（Technology）を組み合わせた造語の「アグリテック（AgriTech）」の範疇になります。アグリテックはスマート農業を達成する農業技術群ということです。

さらに、近しい言葉として、食（Food）と技術（Technology）を組み合わせた造語の「フードテック（FoodTech）」があります。食の生産、加工、流通などに関する技術革新を通じて、新たな付加価値の創出や食料問題の解決を目指した技術とされ、調理や消費に関連する部分も取り込んだ技術群です。

スマート農業が目指す社会の変革

現状、アグリテックやフードテックを支える基盤技術として、さまざまな先端技術が開発されていますが、農業分野では相対的に社会実装が不十分だと考えられています。スマート農業が目指すところは、さまざまな先端技術が既存の慣行農業技術並みに農業現場に活用されることで農業にイノベーションを起こし、農業および食産業が社会の変革をリードすることです。課題は重大かつ複雑です。目標達成のためには工学的な技術だけではなく、生物学的な技術や社会学的な技術など、さまざまな英知を総合的に取り込んで、システムとしての「スマート農業」を社会実装する必要があります。

スマート農業の社会実装までの道筋

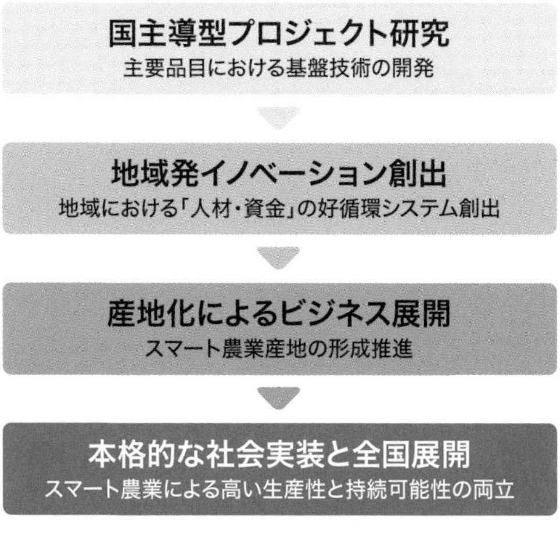

国主導型プロジェクト研究
主要品目における基盤技術の開発

▼

地域発イノベーション創出
地域における「人材・資金」の好循環システム創出

▼

産地化によるビジネス展開
スマート農業産地の形成推進

▼

本格的な社会実装と全国展開
スマート農業による高い生産性と持続可能性の両立

地域に応じた取り組みで技術の現場実証を推進し、スマート農業を「点」から「面」へと拡大することで、全国的な社会実装を目指す

Chapter 2

02

スマート農業が目指す社会改革とSociety5.0

社会変革をもたらす科学技術・イノベーション

日本の科学技術は、1995年制定の「科学技術基本法」に基づく「科学技術基本計画」(5か年計画)によって推進されてきました。その第6期(2021～2025年度)は、イノベーションの視点が盛り込まれ、「科学技術・イノベーション基本計画」と名称変更されました。イノベーションとは「新結合」であり、新たな価値を創造し、社会に大きな変化をもたらす「変革」を意味します。スマート農業の到達点が社会変革であることと考え方は同じです。このイノベーションを起爆剤に、科学技術基本計画の第5期で提唱された「Society5.0」を国内外の情勢変化を踏まえて具体化させていきます。

Society5.0の実現に向けて

社会(Society)は狩猟社会(Society1.0)から農耕社会(Society2.0)、工業社会(Society3.0)、情報社会(Society4.0)へと発展してきました。そして、これにつづく目指すべき未来社会の姿として、「Society5.0」が提唱されています。Society5.0はサイバー空間(仮想空間)とフィジカル空間(現実空間)を高度に融合させたシステムにより、経済の発展と社会的課題の解決の両立を目指しています。科学技術・イノベーション基本計画においても、目指す社会として、引き続きSociety5.0を掲げ、気候変動を一因とする甚大な気象災害への対応やパンデミックの発生などの脅威の克服など、今後とも発生するであろう非連続な変化への対応を目指しています。

計画の実行による効果

実際、近年のICTの浸透により、新たな価値を創造し、人々の生活をより良い方向に変化させるDX（デジタル・トランスフォーメーション）が進展しています。また、個々のニーズにかなったソリューション（問題解決方法）も提供されはじめています。これらの変化は、農業や食に関係する企業においてもビジネスモデルの変化や産業構造の改革につながる事例として表れはじめており、このようなイノベーションが今後も重層的に起これば、日本の国際競争力は高まります。

Society5.0で実現する社会

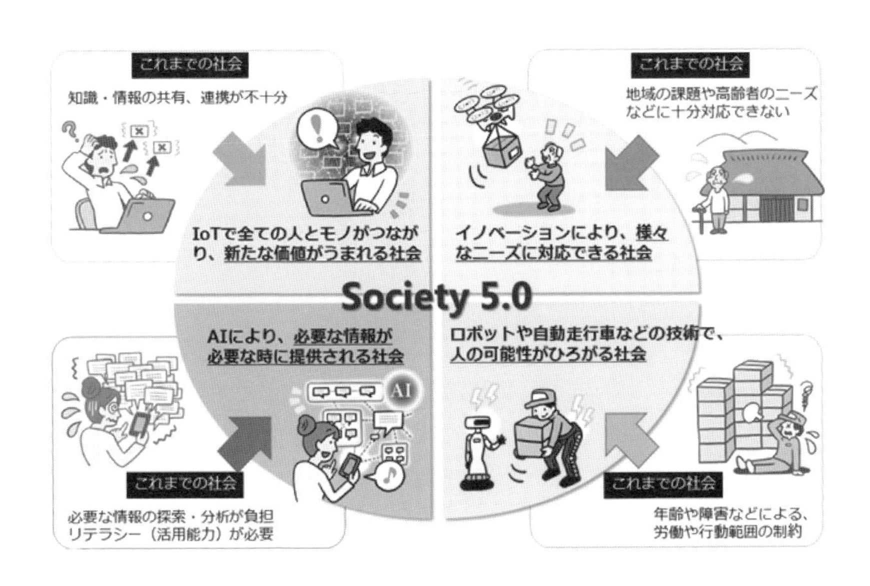

内閣府Webサイト内「科学技術政策」の「Society5.0」に掲載されている「Society5.0で実現する社会」。IoTやAI、ロボットや自動走行車などの技術、イノベーションを通じて、少子高齢化、地方の過疎化、貧富の格差などの課題が克服される（内閣府Webサイトより）

Chapter 2

03

第1次産業の重要性と6次産業化

付加価値で増加する農林水産物の市場規模

スマート農業の展開を考える上では、食産業全体を見渡したフードシステムを意識する必要があります。スマート農業のメインターゲットである農業や林業、漁業などの第1次産業は、自然から資源を採取する産業です。第1次産業が自然から採取した資源を第2次産業が加工することで、付加価値が増大します。さらに、流通・販売など、目に見えないサービスや情報を提供するのが第3次産業で、卸売・小売や情報通信がそれに相当します。今日では、消費者に農産物を届けるためには、これらすべての産業が必要です。そして、原材料から加工、流通・販売まで、それぞれの工程から情報を取得するトレーサビリティ（追跡可能な状態）の導入で、食の安全が担保されます。2015年における第1次産業の市場規模は約10兆円ですが、第2次産業では約36兆円になり、実際に消費される第3次産業では約84兆円の市場規模になります。第1次産業の生産者が加工や流通、消費の現場の情報やニーズを把握することにより、消費者に寄り添いながら、消費者が必要とするモノを提供する“マーケットイン”の生産が可能となります。この部分でも、情報通信技術がスマート農業のキー技術になるのです。

6次産業化における第1次産業の意義

「6次産業化」とは、第1次産業から第3次産業までの各産業の一体化を図ることです。第1次産業の農林漁業者が採取した資源を自ら加工して販売まで手掛けることで生産物の付加価値を高め、所得向上や雇用の創出を目指すものです。つまり、第１次産業の現場に利益を引き寄せるモデルです。1994年に東京大学名誉教授今村奈良臣氏によって提唱された６次産業化の「6」という数字は、「第１次産業＋第２次産業＋第３次産業」の足し算ではなく、「第１次産業×第２次産業×第３次産業」というかけ算が由来になっています。その心は、第１次産業がゼロになると全体としてゼロになるということで、第１次産業の重要性を表していることがポイントです。

6次産業化

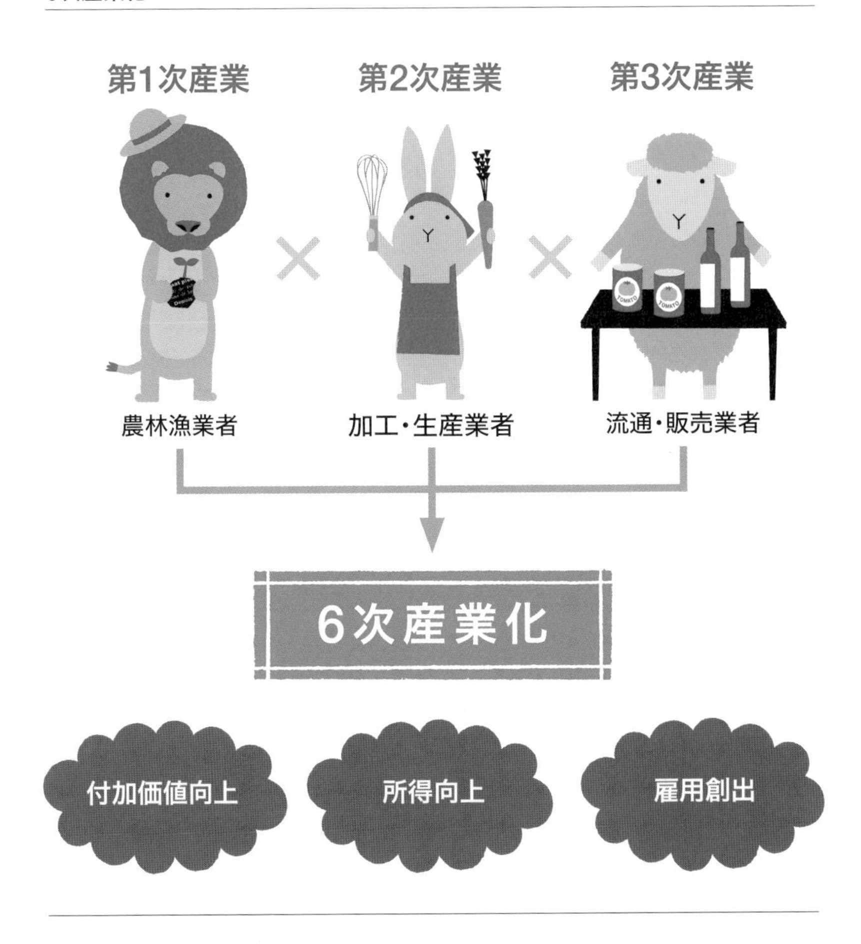

Chapter 2 04

スマート農業やアグリテックが立ち向かう課題

農業と食を取り巻く課題

「農業と食の課題に対する解決の糸口として、スマート農業やアグリテックがある」というのが本書の基本的なスタンスです。しかし、現実にはさまざまな複雑な問題が入り組んで存在し、それらが相互に関連して問題が複雑化している面もあります。

そこで、スマート農業がどのように課題の解決に寄与できるのかを考えるために、地球規模の問題や地域で進行する問題を「農業と食料」「社会・経済と生活」「環境と生態系」「資源の消費と不足・偏在」という4種類に整理します。これらはレベルやスケールも異なりますが相互に関連している事項であり、スマート農業が間を取り持つことで解決されることもイメージできます。

課題の解決に期待されるスマート農業

「農業と食料」においては、世界的に見れば農地は増加していますが、今後の人口増加に見合う農地の確保不足が懸念され、フードマイレージやフードロスの低減による流通や食生活の見直しが急務です。また、日本では優良な農地や農業人口の減少が発生しており、あらためて、量のリスクが注目されるようになっています。

「社会・経済と生活」に関しては、世界に先駆けて超高齢社会となった日本において、特に、農村コミュニティの崩壊が問題とされています。また、社会構造の変化に伴い、就業機会のミスマッチが発生しており、安定的な食料供給に向けた雇用創出が必要です。そして、行き過ぎた食のグローバル化などにより、食の安全・安心が脅かされる状況になり、それを取り戻す手立てとしてもスマート農業に期待がかかります。

「環境と生態系」について、地球全体を見渡せば、大気や水の汚染増大による環境の質の低下が進行しています。また、地球温暖化によるとみられる異常気象やそれに伴う自然災害も増大しています。そして、環境劣化は生物多様性の減少をもたらしています。これらの問題の根源は世界人口の増加です。そして、「資源の消費と不足・偏在」は人口増加により顕在化した問題です。大量生産・大量消費の社会から有限なエネルギーと資源をより有効かつ持続的に使用する社会へと転換する必要があります。そのためにも、スマート農業の活用が大いに期待されています。

スマート農業が期待される背景

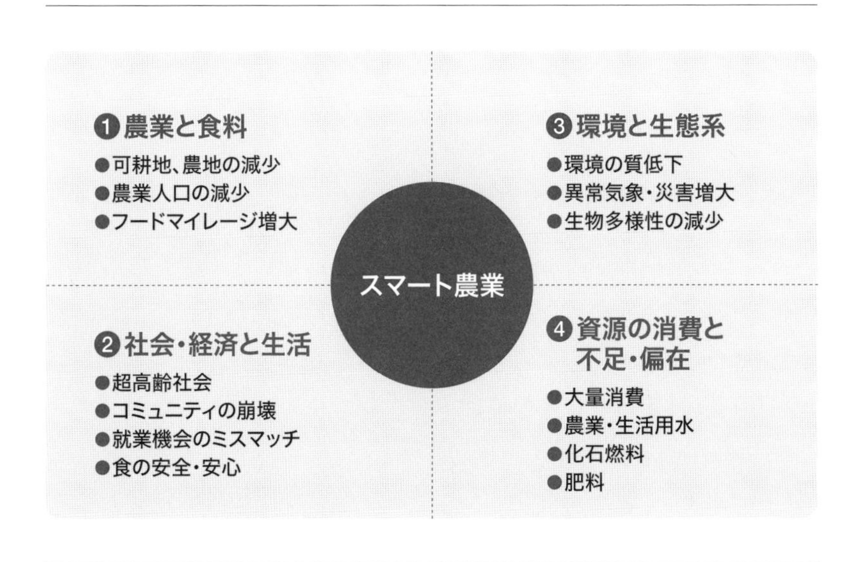

スマート農業には、地球規模や各地域で進行する４つの課題の同時・並行解決が期待される

Chapter 2

05

農林水産研究開発の特徴と歴史

農林水産研究開発の特徴

農林水産研究開発には、他の産業における研究開発と比べて、いくつかの特徴があります。まず、自然科学から社会科学まで、幅広い研究領域を包含している点です。次に、研究対象が生物であるため、成果を得るまでに長い期間を要し、研究投資の回収が困難な場合が多く、民間企業の参入が期待しにくい点です。また、生物種や環境条件等、多くの要素との相互作用があるため、ビジネス化には一貫的かつ総合的な視点が必要となります。さらに、立地条件ごとに使用される品種には適正なものがあり、経営形態も異なるため、一般的に多様かつ広範な試験研究になります。そして、農林水産業は天然資源をゆっくり養い育てるなど、公益性が高い側面を持つことが特徴です。そのため、これらの特徴に合わせた研究開発が総合的に実施される必要があります。

農林水産研究開発の歴史的経緯

ある産業の研究開発をビジネス化するためには、その産業の特徴を理解して参入する必要があります。一般的に、農林水産業・食品産業において、売上高から原材料費や仕入原価などの変動費を差し引いた粗(あら)付加価値に対する研究開発費の比率は、一般の製造業の半分以下程度で、その伸び率も他の産業に比べて相対的に低くなります。その結果、研究を実施する主体は他の自然科学部門全体に比べて公立研究機関の割合が著しく高い、という歴史的経緯があります。その中でも、民間企業の農林水産関係の研究開発費は、付加価値が大きくなる食品工業関係のものが大部分を占めます。

スマート農業技術やフードテックは、農林水産研究開発の歴史的特徴を踏まえながら、より生活者に近い産業からニーズを把握して、第１次産業を活性化する発想で取り組まれています。１万年にもおよぶ農業の歴史を振り返ると、品種選定・改良技術はゲノム編集へと発展し、飛躍的に増産を達成した栽培技術は化学肥料の技術開発に支えられてきました。また、第二次世界大戦後、急速に進んだ機械化や近年の情報通信技術の発展には目を見張るものがあります。そしてシステムとしては、数百年をさかのぼる作物の栽培研究に熱心な一部の人々（篤農家）に依存する技術から、国家が主導する研究開発を経て、スマート農業やフードテックを担うスタートアップ（→ P.058）へと移行しつつあります。

Chapter 2

06 日本の成長戦略における農林水産業の位置付け

農業や食料生産に関係する成長戦略

2021年6月に閣議決定された「成長戦略実行計画」における農業や食料生産に関係する項目を抜粋すると、「新たな成長の原動力となるデジタル化への集中投資・実装とその環境整備」（第2章）、「グリーン分野の成長」（第3章）、「人への投資の強化」（第5章）、「経済安全保障の確保と集中投資」（第6章）、「ウィズコロナ・ポストコロナの世界における我が国企業のダイナミズムの復活〜スタートアップを生み出し、かつ、その規模を拡大する環境の整備」（第7章）、「事業再構築・事業再生の環境整備」（第8章）、「足腰の強い中小企業の構築」（第10章）、「イノベーションへの投資の強化」（第11章）、「地方創生」（第14章）などがあり、これらの計画を実行する過程において、スマート農業やアグリテックが必要になってきます。

「成長戦略実行計画」における役割の明確化

「新たな成長の原動力となるデジタル化への集中投資・実装とその環境整備」では、項目として「スマート農林水産業」が挙げられ、「デジタル技術や衛星情報を活用し、地方創生の中核である農林水産業の成長産業化を推進するため、通信環境整備やデジタル人材の育成等を進める」とされています。具体的には、「通信環境整備を進めるため、農村での調査、整備手法等をまとめたガイドラインを策定する」「デジタル人材の育成を強化するため、教育現場における外部人材の活用を進める」「スマート農林水産業のプロジェクト推進に際し、地域の大学や金融機関をはじめ、多くの異分野の関係者が参画するコンソーシアムの組成を後押しする」「スマート農林水産業に必要な機器のレンタルやシェアリング等の支援サービスを提供する事業者の地域への参入を促す」とされています。これらの取り組みは、農林水産省のスマート農業関係の事業により実装されています。

「グリーン分野の成長」では、「みどりの食料システム戦略に基づき、生産、加工・流通、消費に至るサプライチェーン全体で、革新的な技術・生産体系の開発と社会実装を推進し、2050年までに農林水産業のCO_2ゼロエミッション化の実現を目指す」とされています。具体的には、「農林業機械・漁船の電化・水素化」「農地・海洋における炭素の長期・大量貯蔵」「食品ロスの削減等の推進」などが示されています。そして「地方創生」では、「農林水産物・食品について、2030年に5兆円という輸出額目標の達成に向け、輸出産地・事業者への重点的な支援を行うなど、農林水産業を、地域をリードする成長産業とするための改革の推進」が示されています。

このように、「成長戦略実行計画」では、農業の役割が明確化されており、輸出など海外に向けた取り組みや地方の活性化という目標を達成するツールとして、スマート農業技術やアグリテックが必要とされています。そして、「成長戦略フォローアップ工程表」に沿って、技術開発や環境整備、人材育成が実施される計画です。

Chapter 2

07

日本の科学技術政策と方向性

科学技術・イノベーション基本計画

「総合科学技術・イノベーション会議（CSTI）」は、日本の科学技術政策に関する司令塔的組織です。内閣総理大臣と科学技術政策担当大臣のリーダーシップのもと、総合的・基本的な科学技術・イノベーション政策の企画立案および総合調整を行う役目を担い、基本的な科学技術政策のメッセージを「科学技術・イノベーション基本計画」として発表します。

科学技術・イノベーション基本計画は、具体的なプロジェクトとして実行されます。それがSIP（戦略的イノベーション創造プログラム）であり、BRIDGE（研究開発とSociety5.0との橋渡しプログラム）です。これらのプログラムは、研究開発成果の社会実装に向けて鍵となる技術や事業、制度、社会的受容性、人材等に係る取り組みと、それを通じた民間の研究開発投資の拡大を促進するための取り組みであり、府省の枠にとらわれず、CSTIが推進しています。

農林水産関係のSIPは、第１期に「次世代農林水産業創造技術」として取り組まれ、第２期には「スマートバイオ産業・農業基盤技術」として、「バイオ×デジタル」を用いた農産品・加工品の輸出拡大や生産現場の強化が取り組まれました。一方、BRIDGEは、SIPや各省庁の研究開発等の施策で生み出された革新技術等の成果を、社会課題の解決や新事業創出、未来社会像（Society 5.0）への橋渡しを目的として、官民研究開発投資拡大が見込まれる領域における、各省庁の施策の実施・加速等に取り組むプログラムです。

その他の科学技術施策

ムーンショット型研究開発制度は、我が国発の破壊的イノベーションの創出を目指し、従来技術の延長にない、より大胆な発想に基づく挑戦的な研究開発（ムーンショット）を推進する国の大型研究プログラムです。人々の幸福で豊かな暮らしの基盤となる社会、環境、経済の３領域から９つの目標が決められており、その中には、「2050年までに、未利用の生物機能等のフル活用により、地球規模でムリ・ムダのない持続的な食料供給産業を創出」「サイバーフィジカルシステムを利用した作物強靭化による食料リスクゼロの実現」という具体的な目標が設定されています。

このように、農業と食に関するテーマは、基盤的な研究開発から、それを民間企業へと橋渡しする社会実装を含めて取り上げられています。また、長期的な視点でも、次世代の食料生産を目指した研究開発が必要とされています。

Chapter 2

08

スマート農業実証プロジェクト

実証プロジェクトの目的と活用技術

農林水産省が実施している「スマート農業実証プロジェクト」とは、ロボットやAI、IoTなどの先端技術を活用したスマート農業を実証し、社会実装を加速させていく事業です。技術開発ではなく、スマート農業技術を実際に生産現場に導入し、技術実証を行うとともに、技術の導入による経営への効果を明らかにすることを目的としています。このプロジェクトは令和元年度からはじまり、令和5年度までに全国217地区において実証が行われています。

令和元年度のスマート農業実証プロジェクトは水田作、畑作、露地野菜、施設園芸、花き、果樹、茶、畜産の作目で実施されています。実際に活用された技術は、トラクターや田植機などの各種農業機械の自動化から、ドローンや多機能ロボットなどの先端科学技術、栽培管理システムやAIデータ管理などのシステム、データ系など多岐にわたり、その後、生産現場への技術普及が進んでいます。

実証プロジェクトの実績と今後への期待

プロジェクトに参加した稲作の大規模経営を行う横田農場（茨城県龍ケ崎市）からは、「栽培管理システムが算出する追肥の量が正しいのか疑問に思ったが、結果を見るとそれがなかなか良かったりした。新しい技術がより発展して現場に浸透することで、今後、一経営体1000haとか2000haという規模が現実となるのではないか、という雰囲気が出てきている」というコメントが寄せられています。

また、トマトのロボット収穫技術を実装したエア・ウォーター（長野県安曇野市）からは、「人材確保が非常に困難な地方都市において自動収穫が行えるようになれば、大きな問題解決の一助になる。新型コロナウィルスの影響で、海外からトマトが入ってこなくなり、国産需要が高まった。国産トマトの生産を増やしていくには、人材確保・人件費の課題があり、収穫ロボットに期待している」と、昨今の社会情勢の変化へのスマート農業による対応に関心が寄せられています。

令和５年度には、人口減少社会の進展に対応し、地域が一体となって持続性の高い生産基盤の構築を図るため、サービス事業体等を活用して産地単位で作業集約化等を図る「スマート農業産地モデル実証」が行われています。また、「次世代スマート農業技術の開発・改良・実用化」も目指されており、環境に優しく持続可能な農業生産と生産性向上の高いレベルでの両立や、海外依存度の高い農業資材の効率利用、自給率の低い作物の生産現場での省人化等が推進されます。

横田農場では、田植えや稲刈りのロボットによる自動化、気候データと育成データの分析による作業割り出しなど、これまでの米づくりのやりかたを大きく転換するイノベーションに挑戦している（画像提供：横田農場）

Chapter 2

09

農林水産研究イノベーション戦略

科学技術の急速な進展に対応した戦略

「食料・農業・農村基本計画」は、「食料・農業・農村基本法」(平成11年7月制定)に基づき、日本の農業政策として策定されてきました。今後10年程度先までの農政の方向性等を示す、中長期的なビジョンが示されており、2000年から5年ごとに見直しが行われています。また、農林水産分野に関する技術開発についても、2015年までは、この基本計画の中に「農林水産研究基本計画」として位置付けられてきました。

一方、科学技術の進展が著しく加速してきたため、2019年からは、研究開発の重点事項や目標を定める「農林水産研究イノベーション戦略」を毎年度策定することとなり、CSTIなど、関係府省と協力して、政府全体で強力に推進することも明示されています。

「農林水産研究イノベーション戦略」では、生産現場が直面する課題を解決するための研究開発や、地球温暖化の進行など中長期的な視点で取り組むべき研究開発等について、総合的に研究開発が推進されています。科学技術は日進月歩の進歩をつづけ、多様な分野で新しいサービスが生まれ、戦略の差が国際競争力を左右する時代になってきています。このような状況の中、科学技術の力を活用することで、我が国の豊かな食と環境を守り発展させ、農林水産業の国際競争力の強化につなげなければなりません。

「農林水産研究イノベーション戦略2022・2023」のポイント

「農林水産研究イノベーション戦略」は、我が国の農業が抱える課題と海外や異分野の動向、現状の取り組み等を踏まえた上で、農林水産業とその関連産業が実現を目指す姿と対応すべき方向が整理されています。そして、農林水産分野に世界トップレベルのイノベーションを創出することを念頭に置いた「挑戦的な戦略」が示され、「統合イノベーション戦略」等の政府の方針とも連動させることにより、目指す姿を速やかに実現することが主眼となっています。具体的に行う研究政策として、「みどりの食料システム戦略」の実現に向けた研究開発をベースに、スマート農林水産業の加速、「持続的で健康な食」の実現、バイオ市場獲得への貢献に取り組む方向です。

農林水産研究イノベーション戦略が目指す姿

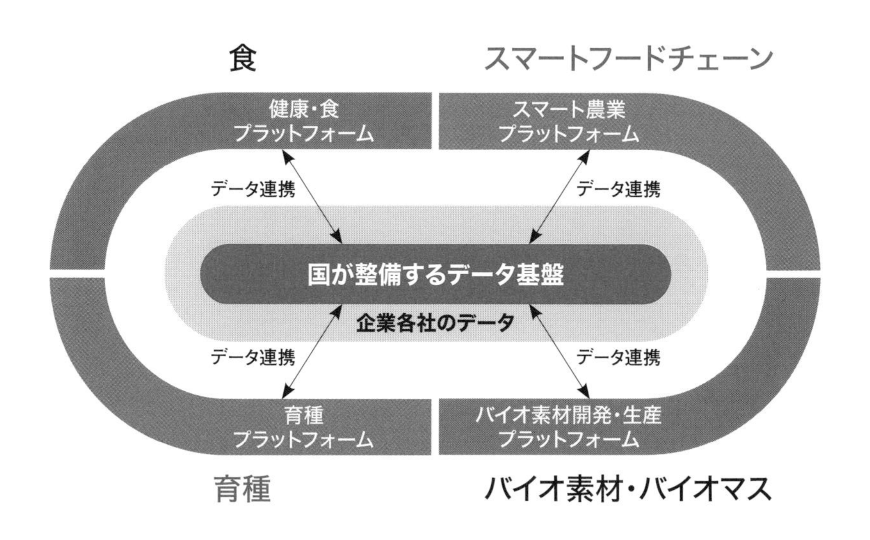

農林水産研究イノベーション戦略は、「食」「スマートフードチェーン」「育種」「バイオ素材・バイオマス」の4分野で、国や民間企業などが協力してビッグデータによるプラットフォームを形成、連携させ、研究開発力を高めて、多様なサービスを生み出すしくみづくりを提案する（農林水産研究イノベーション戦略 2022 より）

Chapter 2

10 みどりの食料システム戦略

農業と食を取り巻く国際的な流れと日本の対応

EC（欧州委員会）は、2020年5月に公表した「Farm to Fork（農場から食卓まで）戦略」において、化学農薬・肥料の削減等に向けた意欲的な数値目標を打ち出しました。「環境」や「持続性」といったEU（欧州連合）で重視されてきた価値観に基づき、フードシステムとして、2030年までに達成すべき数値目標です。具体的には、「化学合成農薬および環境に対してハイリスクな農薬の使用量を50％削減、化学肥料の使用量を20％削減、畜産と養殖での抗生物質の使用を売上ベースで50％削減、全農地の25％以上を有機農業とする」などです。

一方、日本では、1980年以降、環境調和型農業への取り組みは進んだものの、まだ不十分であるとの認識でした。そこで、海外の状況も踏まえ、2021年5月に「みどりの食料システム戦略」が策定されました。この戦略は、農林水産業の本質である食とそれを生み出す農業の持続性に重点があります。近年は、国民の価値観の多様化や新型コロナウイルス感染症の流行により、健康な食生活や持続可能な生産・消費を求める大きなうねりがあります。ビジネスにおいては、企業に対する評価や投資等を行う上で、持続可能性への取り組みが重要な判断基準となりつつあります。そして、政府としては、成長戦略の柱に経済と環境の好循環を掲げ、グリーン社会の実現に最大限注力しつつ、2050年カーボンニュートラル（→ P.165）の実現を目指すことを宣言して取り組んでいます。

みどりの食料システム戦略が目指す姿

2050年を目標年次として、みどりの食料システム戦略によるサプライチェーン全体におけるさまざまな取り組みやイノベーションの社会実装が実現した姿、重要業績評価指標（KPI）が提示されています。たとえば、化学農薬使用量（リスク換算）の50%低減、輸入原料や化石燃料を原料とした化学肥料の使用量の30%低減、耕地面積に占める有機農業面積の割合を25%（100万ha）に拡大、農林水産業のCO_2ゼロエミッション化の実現など、日本の食料や農林水産業を大きく変革しなければ達成できない意欲的な目標が掲げられています。「ゼロエミッション」とは、廃棄物の排出（エミッション）をゼロにするという考え方のことです。

このような戦略は、近代の農業技術の必然的な帰結とも読み取れます。第二次世界大戦までは「科学的手法と増産・増殖技術の発達」であり、戦後から1960年ごろまでは「食糧難克服と機械化技術の展開」、さらに高度成長期は「バイテクと選択的拡大技術の推進」でした。1980年以降「環境調和型技術の重視」へと技術が発達し、2000年以降「データ駆動型・持続的農業」へと展開しています。みどりの食料システム戦略は、その中核をなす戦略と言えますが、一方、今後の実効性にその真価が問われているものです。

Chapter 2

11

イノベーションを創出する企業の育成

ベンチャー企業とスタートアップの特徴

アグリテックやフードテックは「応用技術」です。そしてその成果は実際にそれらを活用してビジネス化することが求められ、生産そのもの以外に技術や情報をビジネス化することで、経済の活性化が期待されています。さらにそれを担う企業には、新たな発想で既成概念を破壊して、新たなビジネスを創出することが期待されます。

日本政策金融公庫では、「ベンチャー企業とは、革新的な技術・製品・サービスを開発し、イノベーションを生み出す企業であり、設立数年程度の若い企業」と、ベンチャー企業を定義しています。その特徴は、若手人材が多いことや大企業に匹敵する規模になる可能性を秘めていることです。また、社員の向上心や熱量が多い点もベンチャー企業の特徴と言えるでしょう。

ベンチャー企業と類似する用語として、近年は「スタートアップ」が使われることが増えています。実際、スタートアップはベンチャー企業に近い形態であり、区別されることもあれば、同義とされることもあります。区別される場合はベンチャー企業よりも新しい事業領域を展開し、短期間での成長を目指す企業のことを指します。スタートアップの創業者や経営者、出資者は、保有する株式を短期間で売却し、投資した資金を回収するために急速な成長を目指します。また、スタートアップの企業規模はベンチャー企業よりも多様で、法人化していないケースもあります。

スタートアップ育成5か年計画

一般に、多くのスタートアップはリスクや変化をいとわないビジネスを果敢に狙います。また、スタートアップでは事業のコアとして最新の技術が採用されることも多いため、技術系のビジネスが多く存在しています。さらに、スタートアップには新しい商品やサービス、事業を通じて、社会変革を目指すという特徴があります。

このような勢いのあるスタートアップの出現こそが、日本経済が成長軌道を取り戻すために欠かせないのです。そこで政府は、2022年を「スタートアップ創出元年」と位置付け、「スタートアップ育成5か年計画」を決定しました。この5か年計画では、「人材・ネットワークの構築」「資金供給の強化と出口戦略の多様化」「オープンイノベーション推進」に取り組むとしています。

日本のスタートアップを取り巻く現状

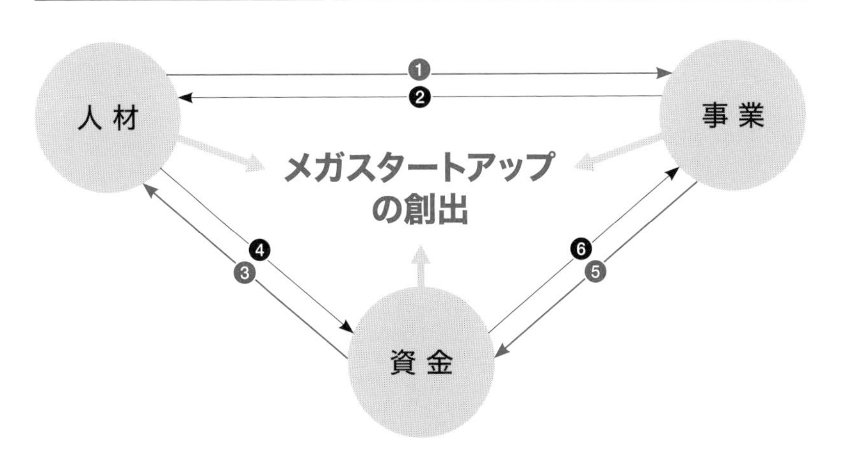

❶十分な人材がいないため、海外展開など、事業拡大ができない❷事業が力強く成長しないと、十分な人材を確保できない❸リスクに見合う給与を出せないと、優秀な人材を採用できない❹CFO（最高財務責任者）などの人材不足により、適切な資金調達ができない❺事業規模が小さいため、大きな資金調達ができない❻十分な資金がないと、早期に事業の成果が出せない

イノベーション創出を促進するSBIR制度

急成長を目指すスタートアップに対して、新しい分野で小さく事業をはじめることを「スモールビジネス」と呼びます。スモールビジネスの場合、少ない資金からはじめる企業もあります。そして、事業の成功の可否はアイデア次第とも言われ、アイデアを形にするために、スピーディーかつリスクを抑えたチャレンジを行うのがスモールビジネスの特徴です。大企業にはない意思決定の速さがあるため、社会問題を解決する新規事業への投資判断も素早く下せます。そのため、このような事業形態を社会変革の起爆剤にしようという試みがあります。

2021年施行の日本版SBIR(Small Business Innovation Research)制度は、「科学技術・イノベーション創出の活性化に関する法律」に基づき、スタートアップ等による研究開発とその成果の事業化を支援し、それによって我が国のイノベーション創出を促進することを目的とした制度です。同時に、我が国が直面する社会課題の解決も目指しています。

また、2024年3月には、農業の生産性の向上のためのスマート農業技術の活用の促進に関する法律案（通称「スマート農業法」）が閣議決定され、国会で議論がはじまりました。この法律案では、「スマート農業技術の活用の促進に関する基本理念や国の責務等を定めるとともに、農林水産大臣は、生産方式革新事業活動及び開発供給事業の促進に関する基本的な方針を定める」とされています。具体的には、生産者や技術研究開発者等が計画・申請を行い、農林水産大臣の認定を受けると、日本政策金融公庫の長期低利融資や機器等の導入への税優遇、農業用ドローン等の飛行許可・承認などの行政手続きの簡素化などの支援により、国がスマート農業を後押しします。

Chapter 3

先端科学技術の活用による農業技術革新

AIやロボティクスなど、先端科学技術の活用による農業技術革新が、新しい農業の取り組みを促進しています。

Chapter 3
01

農業技術の基本構造とその革新

BC技術とM技術による農業の労働生産性向上

農業において、労働時間あたり、どれだけ生産できるかを「労働生産性（kg／h）」とするならば、面積あたり、どれだけ生産できるかという「土地生産性（kg／㎡）」と、時間あたり、どれだけの面積を管理できるかという「管理可能面積（㎡／h）」に分解できます。それぞれを改善することにより労働生産性は向上しますが、生物的・化学的な技術を使うのか、工学的・機械技術を使うのかによって、それぞれのアプローチ方法が異なります。

「BC 技術」とは、生物化学技術（Biological Chemical Technology）のことです。作物の種子が発芽し、生長して収穫物に至るプロセスに関与する技術で、具体的には、品種改良（Biological）と肥料や農薬（Chemical）といった生産資材に関する技術です。多収品種の導入や、農薬や化学肥料の散布による増収など、単位面積あたりの収量の増大や安定化をもたらす技術で、経営規模と関係なく、その効果が表れます。一方、「M 技術」とは、機械技術（Mechanical Technology）のことです。農業機械の導入や施設の開発・改良により、単位面積あたりの労働時間の低減をもたらします。M 技術は経営規模が大きくなるほど、大きな効果をもたらします。

イノベーター理論と農業技術の革新

イノベーター理論とは、1962 年に米国スタンフォード大学のロジャース教授が提唱したイノベーション普及に関する理論のことです。新商品への購入態度を早い順に5つのタイプに分類したもので、新しい技術の取り入れ方の分類にも応用できるでしょう。

新商品への購入態度が最も早い「イノベーター」は、新しいものを積極的に試そうとする人たちのことで、全体の2.5%いると言われます。商品の新しさや革新性を重視し、とにかく試してみる人が一定数いるわけです。全体の13.5%で構成される「アーリーアダプター」は、イノベーターの次にトレンドに敏感で、積極的に情報収集を行い、目新しさだけでなく価値の評価も行う人たちです。「インフルエンサー」とも呼ばれる集団で、消費者への影響力が強く、この層の人たちが商品普及の鍵を握ると言われています。ここから先に、本格的に一般化するための「キャズム（谷）」があります。スマート農業が一般化するには、この「谷」を渡る必要があります。そして、ともに34%を占める「アーリーマジョリティ」と「レイトマジョリティ」が、その時点での主流になります。ゲノム編集品種や収穫ロボットも、まだ農業のイノベーターが採用している段階で、今後、アーリーアダプターの力を借りながら普及していく必要があります。

生産性を定量化するための基本的な考え方と要素

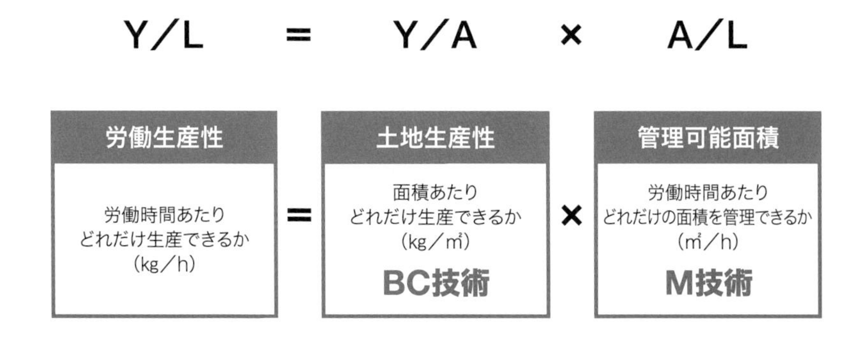

Chapter 3

02 農業DXと要素技術の適用

農林水産省が進める「農業DX構想」

「農業DX」とは、「農業や食関連産業のデジタル・トランスフォーメーション」のことです。たとえば、農作業から販売、管理、さらには国への各種申請といった農業と食に関わるあらゆる要素を、デジタル技術によって改善するのが主眼で、「農業に関連するあらゆる分野のデジタル化」と言えます。

農林水産省では、農業・食関連産業関係者が農業DXを進める際の羅針盤として「農業DX構想」を取りまとめて、2021年に公表しています。すでに先行して進んでいるスマート農業の取り組み事例も、データという観点からは農業DXに組み込まれています。つまり「農業DX構想」は、先行して取り組みが進んでいる「スマート農業実証プロジェクト」の要素技術を、さらに強固に結び付け、その普及を推進するプラットフォームとしてのデジタル化を目指しています。

開発される要素技術とその適用分野

農業DXの目的は、ロボット、AI、IoT等の技術の現場での実装を進めることにより、データを活用した生産効率の高い営農を実行しつつ、消費者の需要をデータで捉え、消費者が価値を実感できるような形で農産物や食品を提供していく農業「FaaS(Farming as a Service)」への変革です。このキーとなるのが「デジタル化」で、5Gや6Gなど、大きな投資により何年もかけて行うものもあれば、個々の生産者が手書きの伝票をデジタル化したり、ネット販売をはじめたりといった小さな変化まで、多くの国民が恩恵を受ける幅広い取り組みです。

現在、農業DXは、農業や食品製造の現場で取り組まれているスマート農業や加工、流通の成果を受け止めて、より合理的なフードシステムの構築を目指す方向にあります。生産現場の区分ごとに個別の要素技術がどのように登場してくるのかというと、たとえばスマートフォン等は、稲作から畜産、施設生産まで、ほとんどの生産場面で登場するようになっています。今後は情報処理技術であるBIM／CIM技術やVR技術、AR技術も、農業DXを加速する技術として組み込まれていくことになるでしょう。

農業DXのテクノロジーと適用場面

		稲作露地	施設	畜産	林業	食品加工	販売	営業	圃場整備
装置技術	ロボット	△	△	○	△	○			
	ドローン	○		○	○				○
	アシストスーツ	○			○				○
情報技術	AI	○	○	○					
	画像	○	○	○	○	○	○	○	○
	クラウド	○	○	△			○	○	○
	遠隔操作	○	○	○	○	○			○
	5G	○	○	○			○	○	○
	スマートフォン	○	○	○	△		○	○	○

「農業DX」を参考に、筆者の主観で区分・設定、作成

Chapter 3

03 ロボット開発の現状

ロボットの定義と種類

スマート農業におけるキーテクノロジーのひとつがロボットです。もともと、「ロボット（Robot）」という言葉は、「過酷な労働」を意味するチェコ語の「Robota」に由来し、チェコの作家カレル・チャペックが1920年に発表した『R.U.R』というSF戯曲で使われたのが最初です。『R.U.R』で登場するロボットは人間そっくりの外見で、今で言う「バイオノイド」でした。その後、1930年代中頃から欧州では、「自動化」という意味でも「ロボット」という言葉が使われるようになり、ヒト型でなくても、高度に自動化した機械も「ロボット」と呼ぶようになりました。

現在活用されているロボットは、大きく2種類に分けられます。ひとつは「産業用マニピュレーティングロボット」で、日本工業規格では、「プログラミングによる自動的な制御によって、マニピュレーション機能などを駆使し、産業に用いられるもの」と定義されています。マニピュレーション機能とは、人間の手足のような巧妙な動作機能のことで、工場などの単純作業の工程や重いものの移動に活用されています。もうひとつは「サービスロボット」と呼ばれる非産業用のロボットです。たとえば、自動的に掃除を行うものなど、単純に作業をこなすだけではなく、人間の感性等も考慮されています。1970年代に入ると、国内大手製造業の多くがロボット産業に参入しはじめ、1980年代には、ロボット産業の世界的ブームが起こり、今日まで成長しつづけています。

機械化・装置化の現状とロボット技術の活用事例

農業の生産現場では、さまざまな作業が機械化・装置化されてきました。もともと機械化のニーズが少ない作業もありますが、ある程度機械化が進んでいるものから、現状、未開発の状態で人力作業となっているものまで、機械化のニーズはさまざまです。今後も生産現場や流通工程の変化によって機械化のニーズは変わるでしょうが、特に、複雑な作業工程の機械化・装置化が望まれています。

コンピューターは人間の脳の機能の一部を外部化し、思考や記憶能力を補完・拡張しました。同様に、ロボット技術も人間の身体機能を補完・拡張し、さまざまな活動を支援する方向に発展するでしょう。農業や食産業におけるロボットの活用事例としては、装着して作業をアシストする「アシストスーツ」や収穫物を自動運搬してくれる「収穫ロボット」、ハウスの残渣（ざんさ）（野菜の収穫後に残る茎や葉、根など）などを集めてくれる「掃除ロボット」、食品産業で活用される「調理ロボット」、規格ごとに果実を箱に詰める「自動選果ロボット」など、すでに多くのロボットが実用化されています。

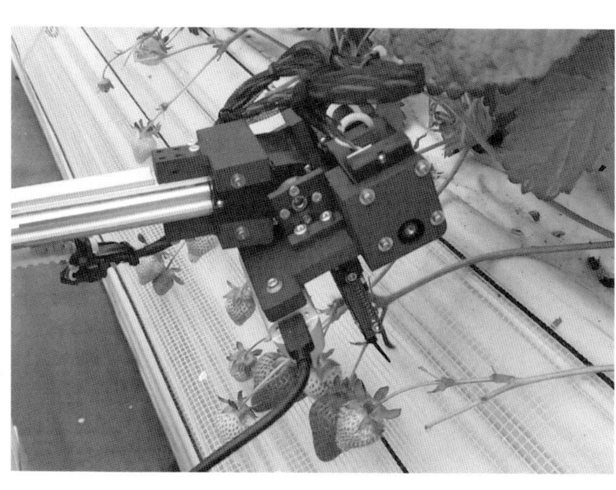

イチゴ収穫ロボット「ロボつみ®」は、AIが色づきから熟度を判断し、ロボットアームに搭載された果物収穫ハンドで、収穫に適した状態のイチゴを傷つけずに収穫する（画像提供：アイナックシステム）

Chapter 3 04

農業機械メーカーによる取り組み事例

ロボット農業機械の概要

戦後、日本の農業機械（農機）の開発は急速に進展して、現在では国際的に事業展開する大手農機メーカーが数社あります。これらの農機メーカーには技術蓄積も多く、スマート農機の最先端を走っている状況です。現在、日本で最先端のロボット農機は無人で圃場（ほじょう）内を自動走行が可能です。１人で２台の操作が可能なシステムになっており、ハンドル操作や発進・停止、作業機制御が自動化されています。作業者は圃場内や周辺から常時監視して危険の判断を行い、非常時に操作を行うだけです。

このようなロボット農機の導入により、作業時間を短縮することが可能になります。また、１台は無人で稼働させ、もう１台は有人で操作できると、無人機で耕うん・整地を行い、有人機で施肥（せひ）・播種（はしゅ）を行うなど、１人で複数の作業が可能になります。結果、１人あたりの作業可能面積が拡大し、経営面積の大規模化に貢献します。

日本の農機メーカーのロボット農機

農機シェア国内首位のクボタから販売されている「アグリロボトラクタ MR1000A 無人仕様」は、高度な衛星測位システムと自動運転技術により、未熟練者でも安全使用の訓練を受講すれば、耕うん、代（しろ）かき、肥料散布など、精度の高い作業が簡単に行えます。また、直進オートステアリング機能により、直進時のハンドル操作が不要で、作業者の負担軽減につながります。

一方、農機シェア国内２位のヤンマーアグリは、既存のトラクターに機能を追加する形でロボット化を図っています。タブレットで圃場や作業の登録が行え、その情報をもとに作業経路を自動設定し、作業者のタッチ操作のみで作業が行えます。衛星測位システムによる衛星からの電波と基地局からの補正情報により、数センチメートル単位の高精度な作業が可能となっています。

このように、既存の技術を徐々に自動化していくアプローチにより、着実に規模の拡大や効率的な生産が進んでいます。トラクターや田植機、コンバインなどは、既存のメーカー製品の改良という形で世界に先駆けてロボット化が進んでおり、これらの技術を皮切りに農業全体のスマート化が推進されていく流れにあります。

➡ヤンマーでは、「YT」系トラクターをベースとしたオートトラクター（有人搭乗型）とロボットトラクター（無人自立走行型）の自動運動農機シリーズで、衛星による位置情報を取得して、誤差数センチメートルの精度での作業を実現している（画像提供：ヤンマーアグリ）

⬅クボタの自動運転機能付きトラクター「MR1000A」は、作業開始位置まで自動誘導して、耕うん、代かき、肥料散布など、多様な作業を自動運転にて行うことができる（画像提供：クボタ）

Chapter 3

05

トマト収穫ロボットの現状と展望

施設園芸作物と収穫ロボット開発

施設生産では、ハウスなどの構造体で雨風をしのいで生産を行います。野菜などの周年供給に欠かせない生産体系であり、一年を通して安定して生産が行えるので、収入の安定化や雇用の導入が容易になるなど、大きなメリットがあります。また、雨風にあたらないことや、周年かつ昼夜問わず作業があることから、ロボット技術の導入がしやすい環境にある生産体系です。

施設栽培における作業の中で最も多くの時間と労力を要する収穫作業には、自動化・機械化への高いニーズがあります。かつては、大学や国立の研究所が収穫ロボットの要素技術の開発に取り組んできましたが、現在では、民間企業が中心となって施設園芸作物の収穫ロボットの構築とその実装に取り組んでいます。

ロボットによるトマトの収穫システム

トマトなどの果菜類の収穫作業においては、果実のついている位置が葉や茎に隠れてロボットには認識しにくいことや、収穫を行うマニピュレーター（作業アーム）が果実や茎葉を傷つけてしまうことがあるため、機械化が難しいと言われてきました。

1990 年代の日本では、大学や国立の研究所で大玉トマトの個別採りロボットの開発が行われ、大玉個採りシステムの構成などを確立していきました。その後、2018 年ごろから、農業のスマート化事業に民間企業が参入してきました。そして、品種を中玉の特定品種に絞り、刃物を使わずにリングを使った手作業に近い収穫作業を再現した収穫ロボットが実装されました。この中玉トマトもぎ取りシステムでは、実や茎を傷めることなく、約10秒に1個という速さでの収穫が実証されました。2020年からは、果実の認識機構やAIによる画像処理システムを利用したミニトマトの房どりロボットの開発が行われ、このミニトマト房どりシステムで認識したトマトの8割が収穫可能であることが実証されました。

このように、トマトひとつをとっても品種ごと、栽培法ごとに、合理的な収穫方法があり、ロボット収穫のスタンダードとなるべく、各国、各社がしのぎを削っている段階です。今後の課題としては、より安定した収穫動作の実現、無人化や24時間収穫の達成、遠隔制御システムの実証、トマト以外の作物への展開が考えられ、ロボット収穫を施設園芸の一般的な技術として定着させていく必要があります。

スマート農業実証プロジェクトで実装された中玉トマトもぎ取りロボット（画像提供：パナソニックホールディングス）

Chapter 3
06

ブロッコリーとアスパラガスの自動収穫ロボット

消費が伸びているブロッコリー

ブロッコリーは、1985年の5.5万トンから2020年の16.8万トンまで、国内消費が増加傾向にある人気野菜です。国内生産の充実により、2002年には5万トンあった輸入ブロッコリーも、2020年には2千トン程度にまで減少しました。国内生産を安定させるためにも、収穫のロボット化による生産性の向上が望まれています。

令和3年度農林水産分野の先端技術展開事業のうち、社会実装促進業務委託事業において、京都のマイコムによるブロッコリー選別自動収穫ロボット（BAH2-1800）の実装が行われています。生産現場で改良が重ねられ、試作1号機から2号機への改良では1条収穫から2条同時収穫への対応が可能となり、車体走行の電動モーター化も行われています。これらの改良により、人手作業の7.5倍に相当する1分間で30個にまで収穫速度が高速化しています。

呼吸速度が速く、品質も落ちやすいアスパラガス

アスパラガスも人気のある野菜です。国内消費は1985年の2.6万トンから1995年の4.3万トンまで増加しましたが、2020年には2.4万トンにまで減っています。一方、2002年には1万トン近くあった輸入も2020年には約4千トンにまで減っています。相対的に国産割合は増えていますが、さらに増加させるためにも大変な収穫作業を効率良く行う技術の開発が必要です。「野菜は鮮度が命」と言われますが、アスパラガスなどの新芽（しんめ）を食用とするものは呼吸

速度が速く、品質も落ちやすい性質があります。鮮度保持の基本は温度管理です。貯蔵温度が高いと、すぐに品質が劣化します。そのため、気温の低い夜間に収穫して、収穫後も低温を保って流通させるコールドチェーン方式（低温流通体系）を活用すれば、より高品質の生鮮野菜を供給することが可能となります。

鎌倉市のベンチャー企業inahoが開発提供しているアスパラガス収穫ロボットは、収穫適期の作物を画像認識で判断して自動収穫します。家庭用コンセントで充電可能なバッテリー駆動で、夜間でも自動走行が可能な仕様になっています。最大7時間の連続稼働が可能です。さらに、ロボットの中では軽量な55kgのコンパクトな設計で、12秒で1本のアスパラガスが自動収穫できます。ブロッコリーとアスパラガスのような野菜は、ロボット技術と鮮度保持技術の融合が求められているのです。

自動野菜収穫ロボットの開発を軸とした農業のプラットフォームを展開するベンチャー企業inahoは、ロボットの機能を制御するソフトウェアをクラウド経由で提供するビジネスモデル「RaaS（Robotics as a Service）」の活用により、高額な初期費用を必要とされる自動野菜収穫ロボットを安価に利用できるメリットのほか、データ収集による生産性の向上など、農業経営の最適化を目指している（画像提供：inaho）

Chapter 3

07

果実の収穫や運搬ロボットの実際

果樹栽培におけるロボット開発

リンゴやナシ、ブドウなどの果樹栽培は、ロボット開発が進んでいない分野です。日本では糖度などの内部品質はもちろんのこと、着色や形などの外観上の高い品質も求められ、その品質管理は農業者の判断や技術に大きく依存しているからです。また、果樹では周年栽培はまれであり、機械の使用が一時期に限られることも、その開発と投資が進まない状況をつくり出している原因です。作期の拡大や機械の汎用性向上などで総体的な低コスト化を進める必要があります。一方で、薬剤散布などはドローンやフィールド・スプレイヤーなどで、自動化技術が開発されています。

リンゴ収穫ロボット

果樹栽培のロボット開発には、「スマート農業実証プロジェクト」を活用した取り組み事例があります。自動車部品メーカーのデンソーと農業・食品産業技術総合研究機構（農研機構）、立命館大学による産官学共同で、ディープラーニングの手法を活用してリンゴやナシなどを収穫するロボットを開発しています。この収穫ロボットは、自動走行車両がレーダーで木を検知しながらロボットをけん引し、2本のアームが果実を傷つけない程度の力でつかんで回転させて果実をもぎ取るしくみです。果実1個につき11秒と、人間とほぼ同じ速度で収穫でき、収穫にかかる労働時間を3割以上減らすことができます。

収穫した果実は車両の荷台に設置したコンテナに格納し、コンテナが果実で一杯になると自動で空のコンテナと交換しながら収穫を継続するしくみも実装されています。また、このロボットによる自動収穫を達成するためには、果実のなる枝をV字整枝するという栽培学上のアプローチも必要でした。実際の生産圃場はさらに複雑で、このような樹形の果樹園は多くないため、今後はロボット収穫に適した果樹園をつくっていくことも考えなければなりません。

スタートアップによるリンゴ運搬ロボット

仙台市にあるスタートアップの輝翠TECHが開発する農業用ロボットは、位置特定と地図作製を同時に行うSLAM技術で農園内の地図を作製し、障害物のない経路を選んで収穫物を運搬するロボットです。将来的には、アタッチメントを装着することで、草刈りや農薬の散布など、さまざまな農作業の自動化を目指す方向性です。さらに、AIや画像処理技術を活用して、果物の最適な収穫時期や、農薬や肥料の最適な量をデータで示す技術も付加されていく予定です。現状は自動運搬で技術実装を図っていますが、作業者に追従した自動運搬作業は生産者にも好評です。

デンソーと農研機構、立命館大学が共同開発した果実収穫ロボットでリンゴを収穫・運搬するようす（画像提供：デンソー）

Chapter 3

08

画像情報やAIを活用したスマート化事例

衛星やドローンによる画像情報

これまで、農業分野における観測衛星画像の利用は太陽の反射光を中心に進められてきました。今後は、夜間や悪天候のような撮影条件に左右されないレーダー画像の活用が進むことで、作物の生育状況に応じた情報や、土壌水分量や肥沃度(ひよくど)を監視するタイムリーな情報が画像情報として活用されるようになるでしょう。

観測衛星画像は国レベルでの広範な予測に向いていますが、ヘクタールレベルでの個別の経営判断にはドローンなどによる詳細な情報を持つ画像が有効になるでしょう。このように画像情報が身近に利用できるようになったのも、基盤技術としてのICTの発達によるところが大きいのです。今後も、このような情報を柔軟に取り入れる姿勢が求められます。

画像のAI解析によるスマート化事例

画像のような大容量の情報が処理できるようになったことと、それを処理して意味のある情報を得るしくみが歩調を合わせるように発達しています。そのひとつがAIでしょう。農業は「経験がものをいう」産業であり、いわゆる「経験知」を多く持ち、研究・奨励に熱心な篤農家が重要な役割を担う時代もありました。しかし昨今は、農業人口の減少や生産品目・品種の変化により、経験だけではなく科学的な情報を取り入れて、合理的に判断したほうがよい状況も増えています。

その際に活躍するのがAIですが、AIも人間が正解を設定する必要があります。農業においては、すべての判断をAIに任せる段階にはありませんが、複雑な情報から有用な示唆をAIが与えてくれる段階には達しています。

NTTデータとNTTデータCCSが開発した「水稲生育診断システム」は、スマートフォンなどで撮影した水稲の画像をもとに、AIがその生育状況を分析するサービスです。生育ステージに応じた施肥等の作業に最適なタイミングをAIが分析・提示してくれるため、収穫量の増加や品質向上が図られます。また、「雑草・病害虫診断サービス」は、スマートフォンなどで撮影した画像をもとに、AIが病害虫や雑草の分析を行ってくれます。病害虫と雑草の対策は初動が重要です。対応が後手に回って無駄な作業を増やさないためにも、有効なツールです。

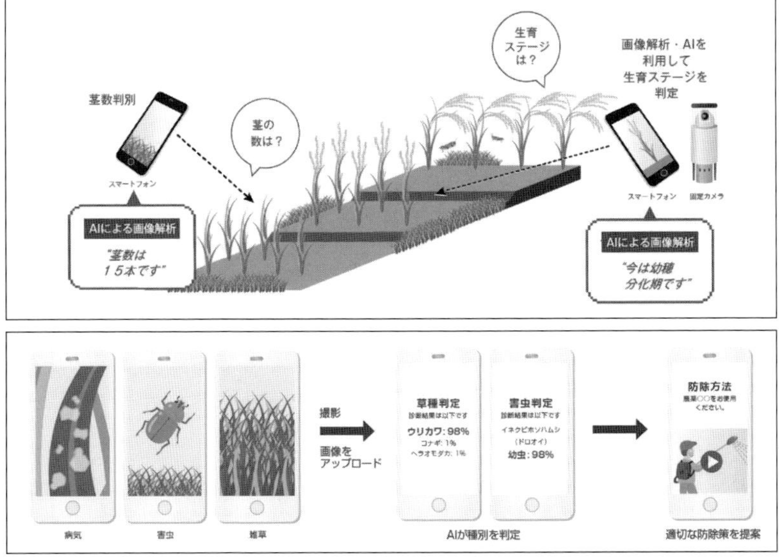

「水稲生育診断システム」（上）と「雑草・病害虫診断サービス」（下）のイメージ（画像提供：NTTデータCCS）

Chapter 3

ドローンを活用した
スマート化事例

ドローンの現状と農業利用促進に向けた組織化

近年、農業分野に限らず、マルチローター型を中心とする航行の安定性の高いドローンの開発・普及が世界的に進んでいます。農業分野においては、当初期待されていた平地の土地利用型農業での活用だけでなく、中山間地域での省力化に向けた活用・展開も進んでいます。しかし、農業用ドローンの現場実証においては、まだ改良すべき多くの課題があるため、官民が連携して、関係者のニーズやシーズをくみ取りながら普及拡大に向けた取り組みを強化する必要があります。

そこで、2019年3月には「農業用ドローンの普及拡大に向けた官民協議会」が設立され、法人・団体311会員、個人193会員にまで、組織が拡大しています（2023年8月現在）。また、この協議会から「農業用ドローンカタログ」の機体編やサービス編が公開されています。ドローンのような重要な要素技術で、行政機関やメーカー、金融機関、各種団体など、多くのステークホルダーが関与する場合は、このようなしくみをつくって生産現場へと普及させる取り組みが重要となります。

スマート農業におけるドローンの活用

農業分野におけるドローンの主要な活用方法としては、肥料・農薬散布、圃場センシング、播種・受粉、鳥獣被害対策などが挙げられます。実際、農林水産省が実施する「スマート農業実証プロジェクト」においては、148地区のうち77地区でドローンが活用されています。その内訳としては、水田作における活用が44％と大半を占め、畑作や露地野菜がそれぞれ18％程度、果樹が12％程度を占めています（2020年度時点）。

北海道女満別のJT農場では、ドローン散布機による水稲の生育期間中のミネラル資材の葉面散布を実施した結果、食味の向上の可能性が示されています。また、病害虫や雑草の防除作業にもドローンが活用され、作業の省力化や時間短縮への貢献も示されています。

ナシの受粉作業は作業適期が３～４日と短く、多くの人手を必要とする人工授粉は、作業者の高齢化等を背景に生産現場の喫緊の課題となっています。そこで、新潟県燕市では授粉作業の省力化や軽労化を図るために、ドローンによる溶液授粉の実証試験が行われています。ナシの花粉を混ぜた溶液を樹上約2mの高さから散布する溶液授粉では、通常４人の作業員が約１日かかる10aの授粉作業を１機１分程度で終了させることができました。ドローンの活用により短時間で授粉作業ができるため、日を分けて数回実施することができ、着果率が向上するなどの結果が得られています。

農業用ドローンによるナシの人工授粉のようす（画像提供：アグリシップ）

Chapter 3

10

アシストスーツを活用したスマート化事例

アシストスーツの使用目的と基本的なしくみ

アシストスーツは、体に装着して動作を補助する機器です。一般に、その使用目的によって、高齢者や足腰に障がいのある人の歩行介助のための「自立支援型」と、荷物の持ち上げや傾斜地での姿勢維持など、作業現場での作業者補助のための「作業支援型」に分類されます。近年では、介護や工場作業、小売業の荷運びなど、さまざまな場面で活用が進んでいます。

アシストスーツの技術開発が農業分野へも波及し、さまざまな作業を支援する目的で活用されています。たとえば、重量物を持ち上げたり下ろしたりする動作の補助（重量支援）や、収穫時や果樹園の傾斜地での肩や腰の姿勢を保つ機能（姿勢維持）があります。姿勢維持はモーションセンサーが人間の動きを感知し、モーターが駆動して動作を適度にサポートします。これは、人間があまり力を入れなくても同じ姿勢を保てるように支えるしくみです。

アシストスーツの普及が進む背景と導入のメリット

日本では、農業従事者の減少と高齢化のほかに、労働災害が微増傾向にあることも深刻な問題です。農業に限らず、労働災害の件数は1970年代から大幅に減りましたが、2000年代に入ってから微増傾向にあります。その根本的原因は加齢による運動能力の低下と考えられており、アシストスーツを活用することで労働災害を予防できる可能性があります。

アシストスーツの歴史は比較的浅く、ベンチャー企業や大学が開発に乗り出したのは2014年ごろとされています。2018年の国内のアシストスーツ販売台数は約2000台でしたが、2023年には8000台程度になると予想されています。これは、アシストスーツが高齢化と労働災害の増加など、社会的ニーズに対応できることが示されたからだと思われます。

アシストスーツ導入の具体的なメリットは、持ち上げ作業における負荷の軽減とそれに伴う作業時間の短縮、軽労化により、高齢者や女性の就労を支援する点で、大手メーカーからベンチャー企業まで、さまざまな製品が開発されています。その中でも、パレット・物流機器のレンタル・販売・リサイクルを行う企業upr社のアシストスーツは、用途に合わせた選択が可能で、比較的安価な製品が提供されています。特に、作業者の腰を守るという視点が強調されており、近い将来、ヘルメットや安全靴のようにアシストスーツで腰を守る時代になると、その重要性がアピールされています。今後、さらなる軽量化や装着のしやすい製品の開発が進む分野です。

Chapter 3

11 IoTを活用した統合環境制御

施設園芸生産のIoT化と環境制御

施設園芸生産では光や温度、湿度など、さまざまな環境因子を環境制御装置（天窓や冷暖房装置等）で制御しています。個別の制御装置が複数つながった複合環境制御システムとして、一括して制御するしくみです。環境情報が「見える化」され、活用されはじめたことが、生産性向上の第一歩となりました。

最新の統合環境制御は複合環境制御が高度化したしくみです。複数の環境因子の制御を合理的に組み合わせ、より高度に制御するデータ駆動型の手法です。たとえば、温度や湿度、CO_2濃度等、複数のパラメータを参照し、予測しながら制御します。その時々の作物の潜在能力を最大限に引き出しながら生産しつづけるしくみで、究極的には、AIなどを活用して自動化されることになるでしょう。自動車の運転にたとえると、カーナビで目的地を設定すれば自動運転で目的地に到達する、高度な運転システムのようなイメージです。

スマート農業実証プロジェクトにおける取り組み事例

栃木県のトマトパークでは施設園芸コンテンツ連携によるトマトのスマート一貫体系の実証が行われ、環境、生育、作業、流通、経営等を可視化するクラウドコンテンツが商品化されました。オランダのハイワイヤーシステムを導入して、日本における究極の多収栽培を目指したもので、生産から販売までの一貫体系において、収量の10%増加や生産コストの10%削減という目標が達成されました。

静岡県のベルファームでは日本が今後伸ばすべき先端的なトマト栽培のひとつとして「低段トマト栽培」を位置付け、消費者のニーズにあったトマト生産を自在に行うオーダーメイド型生産システムの開発を目指しました。これは、「低段トマト栽培」の特性を活かして栽培期間を短く、多回転という戦略で、化学合成農薬の究極の低減化が可能となりました。特に、中小規模の経営体において高度な企業的経営を実現するため、情報の集約や可視化などのスマート技術が駆使されました。

宮崎県の新富町農業研究会では、施設園芸野菜のピーマンやキュウリにおいて、自動収穫ロボットやAI画像解析データ処理、経営・栽培管理システムを導入してピーマンの収量5%増加やピーマンのM玉率 20%以上増加などを達成し、その結果、生産者所得の11%増加が達成されています。また、茨城県のつづく農園では、イチゴ栽培において、ユビキタス環境制御（UECS）やAI養液土耕、生育の自動測定、需要予測等を活用して、収量の36%増加や販売単価の22%向上が実現され、取り組みが継続されています。

Chapter 3

12 ビッグデータの活用と5G

情報通信技術によるビッグデータの活用

ICTは「Information and Communication Technology」の略で、「情報通信技術」と訳されます。一方、IT(Information Technology)はハードウェアやソフトウェア、インフラなど、コンピューター関連の「情報処理技術」を示す用語であり、情報伝達や通信技術を活用したコミュニケーションに重きをおいたICTとは、言葉のニュアンスが異なります。つまり、ICTは情報処理そのものではなく、インターネットのような通信技術を利用した産業やサービスなども含んだ総称ということになります。日本では、さかのぼること2000年に「e-Japan」構想を政府が打ち出し、「高度情報通信ネットワーク社会形成基本法」(通称「IT基本法」)が成立しています。

そもそも「ビッグデータ」とは、用語集などでは「さまざまな形をした、さまざまな性格を持った、さまざまな種類のデータのこと」とされています。データの量(Volume)、データの種類(Variety)、データの発生頻度(Velocity)という3つのV要素からなり、従来のデータベース管理システムなどでは記録や保管、解析が難しい、巨大なデータ群を表します。つまり、ビッグデータとは、単に量が多いだけではなく、さまざまな種類や形式が含まれる非構造化データや非定型的データであり、日々膨大に生成・記録される情報です。今までは、管理しきれないために見過ごされてきた、このようなデータ群を解析することで、ビジネスや社会を革新する有用な知見が得られるなど、イノベーションを生み出す可能性が高まっているため、大変注目されています。

農業生産現場は、まさにこのようなビッグデータの宝庫と言えます。たとえば、植物の生育状態を画像で連続的に取得して解析すれば、収量を最大化するための情報が得られる可能性があります。実際、トマトなどは、環境制御により収量と糖度を最大化できる可能性があり、ビッグデータを活用して構築した「生育・収量予測ツール」により、多収化が達成されています。

5Gが活かされる農業生産現場

5Gとは、第5世代（5th Generation）移動通信システムのことです。移動通信の分野は、およそ10年間のタームで進化しつづけており、5Gの大きな特徴は、「高速大容量」「多数同時接続」「超低遅延」です。AIやエッジコンピューティングを活用して、その場で高いデータ処理能力に基づく判断を行うことができます。このような5Gの特性を活かして「東京型スマート農業プラットフォーム」では、NTTアグリテクノロジー等と連携して、トマト生産ハウスの遠隔指導の実証実験を推進しています。

ローカル5Gを活用した遠隔での農作業支援

東京都調布市の試験圃場内の作物の生育状況等を、約20㎞離れた立川市の東京都農林総合研究所と高解像度の映像データでリアルタイムに共有することで、迅速かつ的確な遠隔での農作業支援が可能となった。試験圃場内にはローカル5Gを設置し、容量が大きいデータを通信の遅延なく収集・発信できる体制を整えている（2021年6月25日付け東京都産業労働局プレスリリースを参考に作成）

Chapter 3

13

データを活用したスマート化事例

消費者の購買行動を可視化するPOSデータ

施設生産では、生産の予測技術が進んでいるため、データに基づいた生産の調節も、ある程度可能です。一方、生鮮農産物の消費に関するデータは十分に得られていない場合があり、データの変動も大きいため、意思決定に十分活用できる段階ではありません。今後、POS レジなどの普及とデータ解析技術の進歩などで、これらのデータが処理されるようになれば、無駄のない農産物の供給や消費者にアピールできる情報の収集などに寄与すると考えられます。

「POS データ」とは、販売時点（Points of Sales）のデータのことです。POS レジでは、販売した商品名や価格、数量、日時などが記録され、これらの情報はリアルタイムに集積されます。ポイントカードなどに対応するレジの場合、購入者の年齢や性別などの顧客情報も同時に取得可能です。つまり、POS データは消費者の購買行動を可視化する元データとなり、蓄積された POS データを有効活用することで、より精度の高い販促施策につなげることができるのです。

生産者側から品質データを開示することの意味

メディカル青果物研究所では、所有している「野菜機能データベース」を活用することで、高糖度、高リコペン（リコピン)、抗酸化力の高品質トマトが消費者ニーズに合致し、通常より約 2 割高い価格で購入されることを実証しました。また、「スマート農業実証プロジェクト」においても、衛生管理などを指標として取り込んだ、野菜の品質評価基準「デリカスコア®」を活用して高品質をアピールすることにより、2割程度高い価格で販売できることが実証されています。

これまで、生産者側から消費者に訴えかける情報の質への取り組みは不十分でしたが、このように、生産物のデータを開示することが消費の喚起になることがわかってきました。さらに、このような生産物をどのような消費者が購入するのかというデータを分析することにより、生産と購入をマッチングさせる戦略が可能となります。

「人工知能技術適用によるスマート社会の実現」(NEDOプロジェクト)では、バリューチェーン(原料調達から製造、物流、販売などを経て、製品に加わる価値)全体を最適化・効率化することによる業界全体の生産性と収益性の向上を目指しています。一般に、青果流通では予約取引により商条件が安定しますが、往々にして、供給を担保するための過剰生産が発生します。一方、現物取引では、一旦出荷すると生産者が価格決定に関与できず、不利益を被るという問題があります。そこで、サプライチェーン全体に着目したデータ連携が取り組まれ、その結果、自動マッチング手法の開発や、次世代型小型店舗における自動発注モデルが構築されています。

Chapter 3

14

センシングデバイスやウエアラブル端末の活用事例

環境や植物をモニタリングするセンサー

スマート農業には、環境から情報を得て解釈し、判断を行うという一連の流れがあります。生産現場から流通する生産物の情報はもちろん、消費者や作業者など、人間に関するセンシングにも着目する必要があります。

施設園芸では、1970年代からハウス環境のモニタリングや制御が進んできました。雨風にさらされない比較的安定した環境であっても、高温多湿のために湿度センサーが壊れたり、イチゴの炭疽（たんそ）病対策で使われるイオウ剤などでセンサーが傷んだりすることもあるため、堅牢なセンサーが求められています。また、イオンセンサーや燃油センサーなどは、昨今の肥料やエネルギー価格の高騰により、急速にニーズが高まっています。さらに生産物では、非破壊での機能性成分の測定が望まれており、加えて微生物制御をより簡便にリアルタイムで計測するATPセンサーなども、衛生管理および病害抑制の面から期待されています。

愛媛大学発のベンチャー企業PLANT DATAは、愛媛大学と共同で、植物の光合成の変化をリアルタイムに計測できるシステムに関する研究を実施しています。このクロロフィル蛍光計測技術は「植物生育診断装置」として、農機シェア国内3位の井関農機が商品化しています。この装置を用いることで、1ha規模の施設内での光合成機能の平面分布や日々のストレスの程度、人の目では確認できない病虫害の検知が可能となっています。

作業者をモニタリングするセンサー

今後、スマート農業を推進する上で、スマートフォンが重要な端末であることは間違いありません。そして、スマートフォンやタブレットなど、スマートデバイスと呼ばれるモバイルコンピューターの次は、ウェアラブルデバイスが重要な端末になると考えられます。これは、「持つ」から「身に着ける」という変化ですが、その人がいる環境はもちろん、装着した人自身の情報が得られるという点が、生産現場の環境のモニタリングを中心に展開してきた従来のセンサーと大きく異なる点です。

すでに、ウェアラブルデバイスを活用して得られる心拍数や血圧などの情報から作業者の健康管理が可能になっています。労働者災害を減らす意味でも、作業者のモニタリングは極めて重要な標準ツールとなるでしょう。そして、ロボット化や自動化によって人の関与が減る一方、判断する人に情報が集約され、リアルタイムでの判断が求められる状況になると思われます。多様なセンサーから得られた情報を身にまとい、AIなどのアドバイスを参照しながら判断を下して、ロボットに指示を出す時代になるでしょう。

Chapter 3
15

リアルハプティクス技術による自動化・省人化システム

触感をデータ化して活用する技術

動物や人間は、視覚、聴覚、味覚、嗅覚、触覚という５種類の感覚（五感）で外界を感知します。五感のうち、視覚と聴覚は画像や音などのセンサーで記録されます。また、味覚や嗅覚も味覚センサーやガス検知などのセンサーで記録され、多方面に応用されています。しかし、物体に力を加えたときの反応である触覚をデータ化して活用する技術の開発は困難でした。

「ハプティクス（Haptics）」とは、「触感フィードバック」という意味の学術用語です。タッチパネル画面に表示されたボタンを押しても、何か変化しなければ「押した」という感覚が得られせん。そこで、押した部分を振動させることで「押した」ことを知らせる（フィードバックする）のがハプティクス技術なのです。このように、触覚を主とするハプティクス技術ですが、現実の物体や周辺環境との接触情報を双方向に伝達して対象の軟らかさなどを正しく再現するため、ロボットの繊細な動作制御には必須の技術です。

日本の野菜や果物は高品質が売りですが、イチゴやモモなどは軟弱で、表面に少しでも強い力がはたらくと変色・変質して見栄えやおいしさを損ないます。従来の産業用ロボットが扱う金属やプラスチックなどは、その物性を考慮しなくても大きな問題は生じませんでしたが、イチゴやモモ、ケーキなどは力を入れてつかむと潰れてしまいます。そこで、対象物の触覚情報を認識して、それに応じた動きを行う「リアルハプティクス®技術」が注目されています。

ロボットによる軟弱な農産物の選別や箱詰め

農業の現場では、人手不足でロボット化が求められています。しかし、従来の機械には繊細さが備わっていないため、なかなか導入が進んでいません。そこで、官民・産学連携共同研究でロボット技術の開発がはじまっています。

シブヤ精機が中心となった、農研機構、愛媛県との官民共同開発の「定置型イチゴ収穫ロボット」や、慶応義塾大学ハプティクス研究センターとの産学共同による「高度インテリジェントロボットハンドによる自動箱詰め」の実証実験が行われています。これらの研究開発の成果として、軟弱で不定型な果物の取り扱いが可能なロボットハンドシステムが開発されて、高速かつ適切な力加減で、潰すことなくつかむことが可能になり、野菜や果物の選別・箱詰めなど、広範な自動化・省人化システムへの応用展開が進みつつあります。

このように、ロボットがより人間に身近になると、農産物や食品の扱い以上に人間とロボットが接する場面も想定されます。そんなときに、リアルハプティクスの発想や技術が人間とロボットを柔らかくつなげる基盤技術となるでしょう。

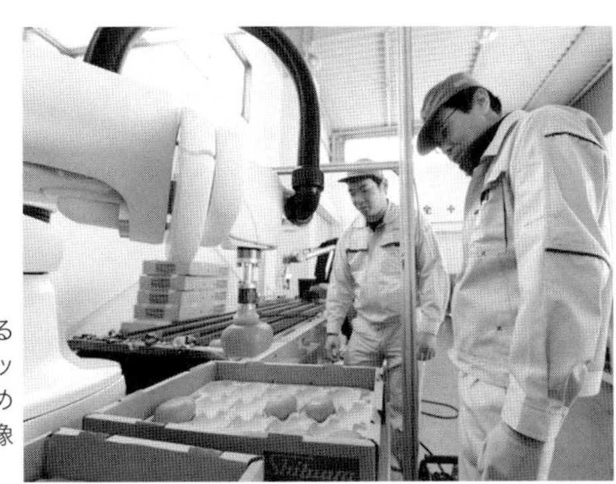

シブヤ精機工場内における高度インテリジェントロボットハンドによる自動箱詰めの実証実験のようす（画像提供：シブヤ精機）

Chapter 3
16

農業経営における管理ツールの有効活用

農業経営における作業計画と進捗管理

日本の農業経営体の数は、2005年の201万経営体から、2020年には108万経営体へと、ほぼ半減しています。個人経営体が減少傾向にある一方、件数で4%にすぎない団体経営体は増加傾向で推移しています。この傾向から、今後は組織的で効率的な経営体が、産業の柱になっていくでしょう。

農業経営における労務管理（作業計画と進捗管理）の典型的な例として、大規模施設園芸の運営があります。一般的に、大規模施設園芸では最初に作物の栽培計画を立案します。長期（大日程）、中期（中日程）、短期（小日程）の計画立案後、短期計画に基づいた作業指示を出します。作業指示を受けた現場の作業者（たとえば、パート従業員）は、その内容に沿った作業を行い、作業終了後、管理者（たとえば、農場長）は、作業を実施した場所やかかった時間などを記録して集計・評価します。作業の進捗状況や作物の生育状況など、評価結果に応じて計画の修正・改善を行い、修正・改善された計画に基づいて再度作業者に作業指示を出すという流れになり、作物の栽培が終了するまでこのサイクルを継続します。

作業計画の修正・改善に必要な作業記録

管理者の意図を具体的に作業者に伝達するために、作業指示は必要です。しかし、先進的な生産圃場でもホワイトボードなどを活用した掲示により作業指示がなされる場合が多いのが現状です。

朝礼時などに集合した作業者に対して、それぞれの担当する場所や時間がホワイトボードに掲示され、作業記録は作業者により作成されるのが実際です。従来、紙ベースが基本の作業記録ですが、最近ではスマートフォンを活用して作成する方法も増えつつあります。

いずれにしても、作業計画の修正・改善には記録を残すことが必須です。特に、大規模施設園芸における作業記録の集計は作業の進捗状況を把握するとともに、作業速度を把握する上でも必要不可欠です。作業速度の正確な把握は作業計画時の必要作業者数の推定精度を高めることにもつながります。作業計画の修正・改善のために取得した作業記録とその集計を週ごとにとりまとめ、それに基づいてミーティングなどを開催します。作業当日に計画を変更して現場で混乱が発生するのを回避するためにも、定期的なミーティングの実施が必要です。また、これらの作業記録をより簡単に記録するツールとして、タブレットやスマートフォンを活用したシステムの導入が進んでいます。

生産管理支援システム導入による管理作業時間削減効果

項目	管理作業にかかる時間（年間の時間）		
	導入前	導入後	削減効果
計画立案	862	140	722(84%減)
現場管理	106	65	41（39%減）
販売管理	944	612	322（34%減）
情報管理	100	0	100（100%減）
合計	2012	817	1195（59%減）

大規模施設園芸の生産性を飛躍的に向上させるスマート技術体系の実装結果（実証面積パプリカ3ha）。生産管理支援システム導入により、導入前と比べて59%減の管理作業時間削減効果が表れた（画像提供：タカヒコアグロビジネス）

効率的な営農推進のための管理ツール活用

大分県のタカヒコアグロビジネスでは、2019 ～ 2021 年の「スマート農業実証プロジェクト」で、「大規模施設園芸の生産性を飛躍的に向上させるスマート技術体系の実装」が取り組まれました。さまざまな技術の中で、「生産管理支援システム」は計画立案、現場管理、販売管理、情報管理など、すべての場面で効果が大きく、生産プロセスを通じて 59% もの管理作業時間の削減効果が実証されています。また、経営体全体を見ても、目標とした生産性 15%向上に対し、16%向上を達成しています。

「日本に農業をのこす」をテーマに活動している都市農業開発は、農業者による農業者のためのウェブサイトを開設しています。コンセプトは「農業者が欲しい！と思った情報に、最も迅速かつ的確にたどり着ける情報データベースサイト」です。栽培、資材（肥料、除草剤、農薬）、農機の情報に特化し、農業者用情報サイトや資材購買サイトを開設することで、月間 50 万 PV を超える人気サイトになっています。2022 年には、農林水産消費安全技術センターの農薬登録情報を独自に加工することで、適用する農薬を網羅的に検索可能とし、農薬データベース検索方法も「農薬検索」「除草剤検索」「製品検索」「成分検索」と、豊富なメニューになっています。さらに、ユーザー機能としてカレンダー編集が可能となり、ユーザー独自の防除暦や栽培予定、実施記録が簡単にできるようになっています。また、このデータを他の農業者と共有して、防除情報についてやり取りができるなどの機能もあります。

このように、経営体に有効なさまざまな管理ツールが開発され、より効率的な営農が推進されつつあります。

Chapter 4

農業と食の技術革新

IoT、AI、ビッグデータ解析などの先端科学技術や、遺伝子組換え、ゲノム編集などのバイオテクノロジーを活用した、新しい農業と食の技術革新がはじまっています。

Chapter 4

01 量管理の必要性

大量生産・大量消費からの転換

産業革命を源流とする経済体制を「資本主義」と呼びます。それは、資本としての生産手段を持つ資本家が労働者から労働力を買い、それを上回る価値を持つ商品を生産して利潤を得るしくみです。しかしこの経済体制は、利潤を追求するがため、いきおい大量生産となり、売れ残りが発生してゴミが増えます。1970 年代までは、経済が成長することが豊かさの象徴でもありましたが、今日までつながる地球環境問題や公害の原因となっています。

地球の未来を研究する民間団体ローマクラブは、1972 年に『成長の限界』と題した報告書を発表しました。それは、「人口増加や環境汚染などの現在の傾向がつづけば、100 年以内に地球上の成長は限界に達する」という予測で、全世界に衝撃を与えました。有限な地球の資源を利用する経済や社会を持続可能な形に変えていく必要性が、すでに半世紀前に提示されていたのです。今後予測される人口増加に伴う化石資源やエネルギーの枯渇や地球温暖化問題などに人類が立ち向かうために、効率的かつ循環的な食料生産への転換が図られる必要があります。

質の管理と量の管理

日本の農産物や食品は高品質であり、それゆえ海外からも評価が高いわけですが、実際の製造過程を見ると、廃棄される量の多さに驚かされます。すなわち、生産システムにおける資源エネルギー問題を解決しつつ質を向上させるという難問に、まさしく今、立ち向かう必要に迫られているのです。安全・高品質という「質の管理」は、大前提として、生産、加工、流通、消費に投入する資源やエネルギーの「量の管理」を今以上に進める必要があります。また、あるべき食の姿として、残渣処理やリサイクルを産業としてシステムに組み込む必要もあります。このような循環システムの構築には、さまざまなセクションのつながりを意識する必要があります。そのためにも、プロセスの見える化や情報化、つまりスマートな食の流通技術の開発が求められています。

欧州では、カーボンファーミングに関する法案が成立しています。「カーボンファーミング」とは、大気中のCO_2を土壌に取り込んで農地の土壌の質を向上させ、温室効果ガスの排出削減を目指す農法です。日本でも、直接的な食の価値以上に、目に見えない付加価値への評価（より高次の質の評価）が高まるのではないでしょうか。

カーボンファーミング

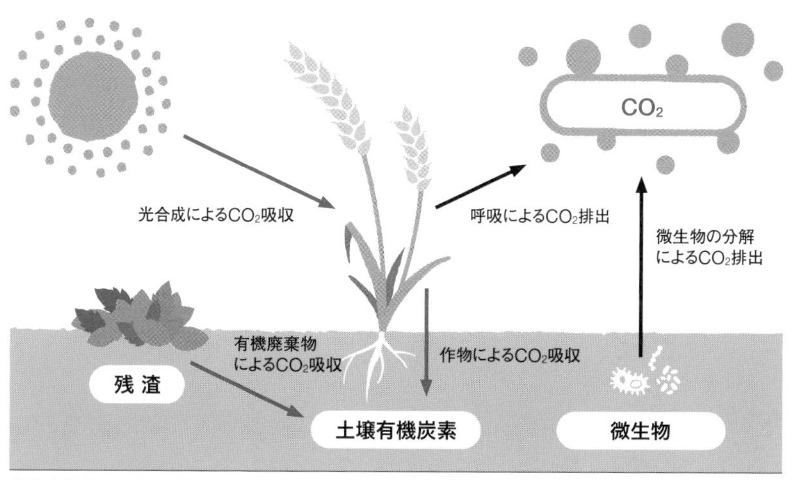

作物を栽培する際の「耕うん」「整地」等の工程を省き、作物の残渣を耕地に残す「不耕起栽培」などにより、農地土壌に炭素を貯留する農業の方法

Chapter 4

02

今後の食料生産や供給を担う施設生産

施設生産がリードするスマート農業技術

施設生産にはさまざまな類型がありますが、制御が困難な気象や土壌環境を制御して生産することが主眼です。気象や土壌環境を制御するためには、高度な技術やエネルギーが必要です。さらに、事業として施設生産を成功させるためには、かなりの技術力と投資、運用の計画性が必要とされます。一方で、周辺で発達する技術をいち早く導入して試行錯誤できるプラットフォームでもあり、その技術展開が早い生産分野です。また、資源やエネルギーのインプットやアウトプットを厳密に管理できることも特徴で、本来、持続的生産を達成しやすい生産分野です。さらに、徹底した情報管理は、食品になるまでの流通や加工におけるフードロスの削減や安全性の確保にも有利にはたらきます。このような意味で、施設生産は単なるひとつの生産分野というだけでなく、最もフードテックに近い領域であり、施設生産を組み込んだ生産システムは、新たなるイノベーションのプラットフォームになるのです。

高度な環境制御による施設生産

植物工場とは、一定の気密性を保持した施設内で、植物の生育環境（光、温度、湿度、CO_2濃度、養分、水分等）を制御して栽培を行う施設です。環境や生育のモニタリングに基づく高度な環境制御と生育予測を行うことにより、季節や天候に左右されずに野菜などの植物を計画的かつ安定的に生産できます。そして一般的に、植物工場は人工光型と太陽光型に分類されます。

人工光型では、太陽光を使わずに人工光を利用した閉鎖された施設で高度に環境を制御して、周年・計画生産を行います。国際的には、PFAL（Plant Factory with Artificial Light）という用語で、日本発の概念として普及が図られています。一方、太陽光型は、太陽光の利用を基本とした温室などの半閉鎖環境で高度に環境を制御して、周年・計画生産を行う施設で、人工光による補光を行いません。人工光型のPFALに対して、PFNL（Plant Factory with Natural Light）と呼ぶのが妥当であると考えます。また、太陽光・人工光併用型は、太陽光型施設を基本として、夜間など一定期間、人工光によって補光する施設のことで、太陽光型に含まれます。

これらの施設生産の主流は、農産物の中では比較的単価が高い野菜です。しかし、今後、月面など、地球外での食料供給を考えた場合、閉鎖型施設では取り組みが進んでいないコメや小麦などの穀物が必要となり、あらゆる食を生産し提供するモデルとしての宇宙農業の研究が加速化すると考えられます。また、このような課題は、地球の食料生産や供給を持続的なシステムに変革していく上でのプラットフォームとしても重要な位置付けになるでしょう。

環境制御レベルによる施設の区分と規模

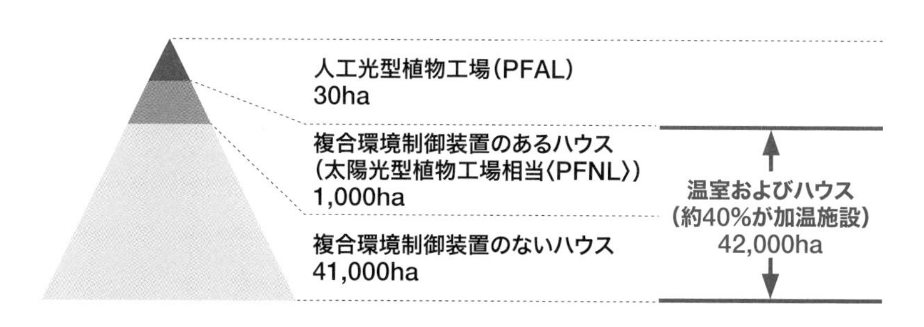

「大規模施設園芸・植物工場実態調査・事例調査」（施設園芸協会）によると、2022年現在、日本において人工光型植物工場（PFAL）は、わずか30haに過ぎず、複合環境制御装置のないハウスが圧倒的に多い

Chapter 4

03

消費者ニーズに対応した植物工場における農産物生産の実例

消費者ニーズに対応したトマトやイチゴの生産

日本のみならず、世界の食料供給の安定に寄与するためには、それぞれの地域で安定した農業生産を持続していくことが必要です。そのためには、国産農産物の消費が適正価格で持続される必要があり、より消費者ニーズに対応した農産物の生産が求められています。

近年、日本ではミニトマトの消費量が伸びており、トマト全体の2割程度にまで増えています。これは、「簡便化する消費」に対応したものと考えられます。同様に、「簡便化」のトレンドとして、洗わないで食べられる野菜やセットになっているサラダの消費も堅調に伸びており、ポストコロナで加速化される長期トレンドのひとつです。また、ロボットでミニトマトを房ごと収穫できれば、人の手で一粒ずつ収穫する場合と比較して、ミニトマトの表面に付着する一般生菌数が10分の1以下になります。このような取り組みも、今後の消費者のニーズを先取りしたものです。

ロボットによる房どりミニトマトの自動収穫のようす（画像提供：中野明正）

茨城県常総市は官民連携による「アグリサイエンスバレー事業」を進めています。都心からの近さや基幹産業である農業を活かすという視点によるこの事業では、日本最大級のハンギングガタータイプ（吊り下げ式の栽培棚）の養液栽培によるイチゴ生産が実施されています。このハウスでは栽培ベッド自体が宙に浮かんでいるので、立ったままイチゴを収穫できます。また、床面がフラットなため、ベビーカーや車椅子でもイチゴ狩りが楽しめます。これは、生産だけでなく「コト消費」に対応した取り組みです。

栽培方法を工夫するキュウリやブルーベリー

キュウリは常に需要がある定番の野菜のひとつですが、差別化が難しい品目です。かつては漬物などの加工需要も多くありましたが、現在は米食の減少・パン食の増加とともにニーズが変化し、サラダなどで生鮮野菜としての需要が増えてきています。

本来、キュウリは夏野菜であるため、加温を必要とする冬季の生産は、昨今の燃油価格高騰で厳しさを増しますが、養液栽培による生産地も増加しており、佐賀県や徳島県など、多収により発展している地域も認められます。肥料価格も高騰していますが、量管理法の普及により、養液栽培では施肥量を半減できる可能性もあるため、高度な環境制御による持続的な生産に期待がかかっています。

果実が小さいブルーベリーは収穫作業が大変です。また、果樹の一般的な性質として、収穫時期が限られるため、ブルーベリーだけで経営を成り立たせるのは難しい状況です。そこで最近は、作期を延ばすためにハウス栽培や養液栽培が行われるようになりました。今後は、他の品目と組み合わせることで、果樹においても周年生産が行われるようになるでしょう。

Chapter 4

04 レタス栽培の現状と戦略

太陽光型と人工光型植物工場におけるレタス栽培

太陽光型植物工場の栽培品目は、トマト類（76%）が最大の栽培品目で、次いでレタス類（5%）、レタス以外の葉菜類（5%）、イチゴ（2%）となっています。一方、人工光型植物工場では、レタス類（86%）の独壇場です。これは、レタスが周年を通して安定した需要があることと、果菜類に比べて草丈が低いため光の要求量が少なく、比較的栽培がしやすいことによります。しかし、人工光型植物工場は経費に占める光熱費の割合が高く、昨今のエネルギーコストの高騰で、さらなる対応を迫られています。

人工光型植物工場での栽培が多いレタス類ですが、太陽光型植物工場でも確固とした需要を確立しています。たとえば、JFEライフの野菜工場では、太陽光型で農薬を使わず、根を養液に浸すDFT型の水耕栽培で、新鮮野菜の周年供給が行われています。食品の安全と労働の安全、環境保全に対するリスク管理の国際的なしくみであるG-G.A.P.（グローバルギャップ）を取得し、持続可能で適切な農場管理を実現しています。

人工光型植物工場におけるスマート技術の導入実態

菱熱工業のビタミンファーム福井工場では、販売先ごとに最適な重量・大きさ・色味・形状などを調整した主力商品のレタスを、中食、外食、量販店に提供しています。人工光型植物工場には、このようなマーケットインの発想がマッチしていると考えられます。

ビタミンファーム福井工場では、設計・レイアウトの段階から生産量の最大化だけでなく作業性も考慮され、栽培棚、床面、壁面の材質は、食品工場建設の豊富な経験に基づいて、微生物リスクも含めた判断で選定されています。また、栽培室等の温度や湿度、CO_2 濃度、気流と、養液の pH（水素イオン濃度）値、EC（電気伝導度）値が集中制御され、最適環境が維持されています。さらに、ネットワーク環境の整備により「リアルタイムデータ」の遠隔監視がいち早く導入されており、人工光型植物工場ならではの、きめ細かい設計がなされています。

人工光型植物工場におけるスマート技術の導入事例としては、販売管理システムや環境制御システム、環境モニタリングシステムが多くの事業者で導入されています。一方、スマート化のシステム化・ツール導入・活用における課題として、約７割の事業者がコスト高を挙げていることから、経営実態として運営が厳しい事業者が多いことが読み取れます。持続的に人工光型植物工場を経営するためには、単収を確保することやエネルギーなどの経費節減、マーケットインかつ高単価での販売戦略を進める必要があります。

ビタミンファーム福井工場でレタスの植え替え作業を行うようす（画像提供：ビタミンファーム）

Chapter 4

05 安定した需要のキノコ生産

キノコの需要の現状と展望

1989年に約33万トンであったキノコの国内生産量は、2021年には約46万トンと約4割増加し、消費が定着しています。2021年の品目別生産量は、エノキタケ約13万トン、ブナシメジ約12万トン、生シイタケ約7万トン、マイタケ約5万トン、エリンギ約4万トン、ナメコ約2万トンです。

一方、キノコの全国生産者戸数は、2000年の8.6万戸から2019年には2.7万戸にまで減少しています。中小零細経営が非常に多いシイタケ、ナメコに対して、企業経営による工場生産が進むエノキタケ、ブナシメジ、マイタケ、エリンギは植物工場のノウハウが活かされており、健康に役立つ食材として今後さらに注目が高まると考えられます。

新たなキノコ生産の取り組み

マイタケの人工栽培における、企業のコスト競争力に関する内的要因の分析によると、機械化（自動化）を実現している企業に優位性があることがわかっています。また、機械化に適合したマイタケの研究・開発に取り組み、マイタケ自体を機械・装置の規格に適合するような形状・性質に変えることで、工程の自動化を図るという発想と方法でコスト削減が達成されていることが示されています。

極めて高い密閉性と断熱性を誇るドームハウスは、繊細な温度・湿度管理と気密性を必要とするキノコ栽培に適しています。熊本県の阿蘇バイオテックは、このような施設を活用して日本最大級のキノコ生産工場を運営しています。キノコの種類や工程ごとに部屋が分かれ、各種類に適した温度や照明などが徹底管理されています。一般に、このような工場では、オガコを中心とした培地をミキサーで均等にブレンドしてビン詰めする菌床栽培が行われています。

大量のキノコを安定的に生産するためには、さまざまな工程で機械化が欠かせません。一方、培養室や発生室の環境管理は、現状、熟練作業員の体感による管理が重視されています。このように、最新の機械設備と人間の手による作業の両方を活用することで、良質のキノコが生産されていますが、今後はAIなどの技術を活用することで、人間の感覚による管理作業は徐々にロボットに移行していくと考えられます。

密閉性が極めて高く、驚異の断熱性を誇るドームハウスは、繊細な温度・湿度管理や気密性を必要とするキノコ栽培に適した建物と言える（画像提供：ジャパンドームハウス〈左〉、阿蘇バイオテック〈右〉）

Chapter 4

06

育種の歴史と現在の多様な品種

育種の定義と目的

「育種」とは、栽培植物や家畜などにおいて、人間に有用な品種をつくり出すことで、「品種改良」とも言われます。植物の場合、種苗法第二条の２において、「品種」とは、「重要な形質に係る特性の全部又は一部によって他の植物体の集合と区別することができ、かつ、その特性の全部を保持しつつ繁殖させることができる一の植物体の集合」と定義されています。農作物の栽培時に求められる「特性」には、収量性、耐寒性・耐暑性、耐病虫害性などがあります。

現在、特に日本では、食料が潤沢に生産されており、相対的に農産物の価格が低下しています。そこで、農産物を高価格で販売するためには食味や外観などの品質が重要な指標となり、花など観賞用の場合は色や香りといった形質が改良の対象となります。一方、動物ではウシ、ブタ、ニワトリで成長率や繁殖能力の向上、肉質の向上を目的として盛んに品種改良が進められています。

日本の農産物には、さまざまな品種があります。たとえば、コメの「コシヒカリ」やジャガイモの「男爵」、トマトの「桃太郎」、リンゴの「ふじ」、ブドウの「シャインマスカット」、ウシの「ホルスタイン」、ブタの「バークシャー」等、馴染みのある言葉としても定着しています。コメだけでも品種登録されている品種数は約500あり、よりおいしく、より安定生産可能な品種の開発が現在も連綿とつづいています。そして、効率的かつ画期的な品種をつくり出すための技術も進化しています。

遺伝子組換え技術やゲノム編集技術の可能性

近年進化する遺伝子組換え技術やゲノム編集技術には、ゲノム情報を積極的に活用しようという発想が見て取れます。これらの技術は、自然界の変異を起こす力や、交配や人為的な突然変異を経て、これまでなかった生物の能力を引き出そうとしています。これらの技術が生物の持つ能力を強化する可能性を秘めている反面、その利用に際しては、技術に対する評価が定まるまでは細心の注意を払って開発していく必要があります。

育種技術の歴史

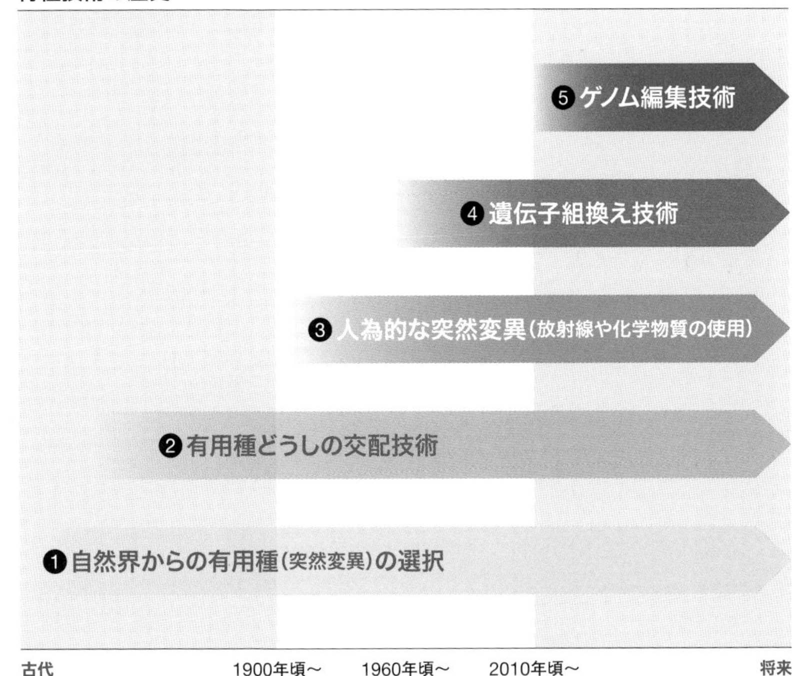

育種技術の歴史は品種改良の歴史であり、❶自然界で起きた突然変異により、性質が変化したものを選抜することからはじまり、❷異なる品種を掛け合わせる交配育種や、❸放射線の照射や薬品処理等による人為的な突然変異、❹別の生物から目的とする遺伝子を導入する遺伝子組換えが利用されるようになり、近年では、❺狙った遺伝子を正確に操作するゲノム編集技術が開発され、利用がはじまっている

Chapter 4

07

バイオテクノロジーが支える スマート育種

育種におけるバイオテクノロジーの位置付け

育種は出口であり、具体的な品種を生み出すことが最終的なゴールとなっています。しかし、このような成果は単独で存在するものではなく、大きくはバイオテクノロジーの発展に支えられています。生物には組織を構成する細胞があり、その中に遺伝子が含まれるという階層構造になっています。特に、育種に使用される基盤技術としてのバイオテクノロジーには、組織や細胞に関する組織培養や細胞融合などの技術と、遺伝子に関する遺伝子型や表現型の情報技術があります。このような基盤技術の上で、遺伝子組換えやゲノム編集技術が、その威力を発揮できる構造になっています。

スマート育種と品種改良技術の展望

「スマート育種」とは、育種に関わる多様な情報を高度に活用して行う手法です。活用する情報には、作物の持つ遺伝子型やそれがどのように現れるかという表現型、栽培される環境条件や栽培法などがあります。これらの情報が整備されれば、目的とする特性を有する品種開発のための交配親の組み合わせや選抜工程などの育種戦略を最適化することができます。

さまざまな情報がビッグデータとして得られるようになり、それを解析するAIのようなツールも進化しています。たとえば、「高糖度で高収量のトマトを育種するには、どのような品種を親として選択するとよいのか」というような問いに対して、多様な情報をベースにモデルを構築し、シミュレーションで世代を進めてシナリオを得る手法が実装されはじめています。このように、複雑な関係性を明らかにして目的とする品種を得るには、どのような筋道を通り、手法を使えばよいのか、さまざまなスマート技術群を利用しながらバイオテクノロジーも進化しているのです。

スマート育種システム

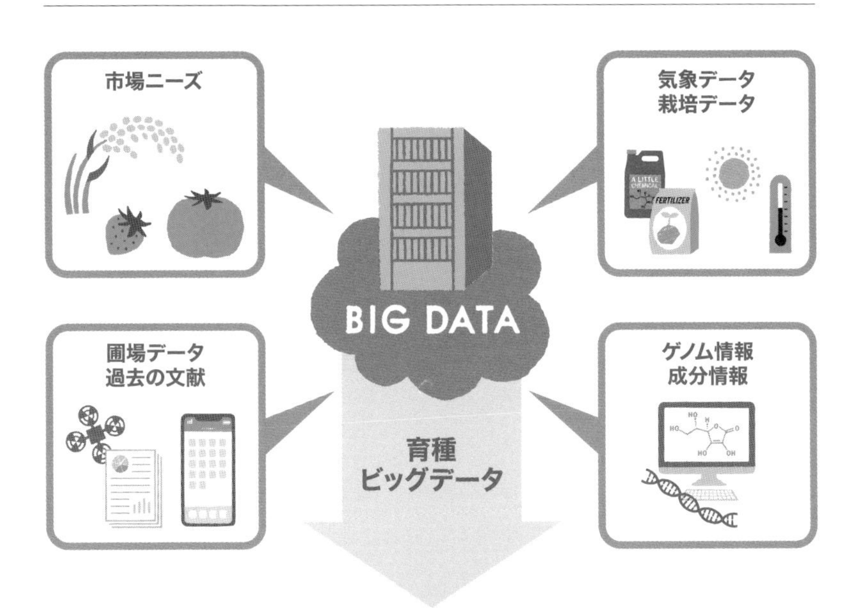

効率的品種開発

市場ニーズや気象データ、栽培データ、圃場データ、過去の文献、ゲノム情報、成分情報など、さまざまな情報を育種ビッグデータとして収集し、AI や新たな育種技術も活用して、効率的に品種を開発する（農林水産省資料をもとに作成）

Chapter 4

08

植物の品質に関する障害とその育種的対応

植物に特徴的な構造と元素による制御

植物にあって、動物にはない構造である「細胞壁」は、細胞膜の外側にあって細胞を包み、細胞や組織を支えるはたらきをしています。細胞壁は、主にセルロースの微細な繊維とマトリックス多糖類から成り立っており、その分子間力は強くないため、水やさまざまな元素が通過することができます。

「ペクチン」と呼ばれる多糖類は、細胞膜の内側から細胞壁へと分泌され、セルロース繊維と絡まり合いながら網目状の構造をつくっています。この構造を維持する釘のような役目を担う元素であるカルシウム（Ca）やホウ素（B）が必要な部位に届かないと、植物の外観を損ねます。また、これらの元素の移動は蒸散に大きく影響を受けることも知られており、環境制御（湿度や日射）により、植物にこのような障害を発生させないようにできるので、これらの元素（カルシウムやホウ素）の制御に注目が集まっています。

カルシウムに由来する障害とその対応

トマトとカルシウムとの関係で良く知られた事例として、収量を低下させるカルシウム欠乏としての「尻腐れ果」があります。これは、果実の先端にカルシウムが届かなくなることにより細胞壁が正常につくられなくなり、その部分が壊死して発生する症状です。トマトの品種でカルシウムの果実への移行量を比較すると、オランダ品種では多いのですが、日本品種では少なくなります。それを反映して、尻腐れ果の発生率はオランダ品種では低く、日本品種では高いという傾向があるため、このようなオランダ品種の性質を導入して、尻腐れ果の発生率を下げるような育種も行われています。

一方、葉菜類の品質を低下させる「チップバーン」とは、特にレタスなどの葉菜類の葉の先が枯死する症状で、外見が悪くなり販売できなくなります。これまでは、人工光型植物工場で大きなレタスを生産しようとするとチップバーンの発生が増えましたが、近年では、300 g程度の大きなレタスを生産してもチップバーンが発生しない品種が販売されはじめています。さらに、選抜に使える遺伝子マーカー（個体特有のDNA配列）の情報も得られつつある段階で、遺伝子組換え技術の成果がスマート農業の加速に直結する事例となるでしょう。

トマトの「尻腐れ果」のようす。黒く見える部分が腐っている（画像提供：中野明正）

Chapter 4

農産物や食品に求められる品質の基本仕様

農産物や食品の機能性とは

農産物や食品に求められる品質として満たすべき「機能性群」は、「仕様（Specification）」とも言い換えることができます。「機能性（Function）」とは、言葉の持つ意味が異なります。「農産物や食品の機能性」と聞くと機能性農産物や機能性食品を連想されがちですが、実際の食生活や持続的な食料供給の視点で見ると注意すべき点があります。つまり、いわゆる「機能性」は、農産物や食品が備えるべき品質機能性群の一部であるということです。

少し前までは、農産物や食品の品質機能性群は安全性、栄養・機能性、嗜好性といった、本来農産物が備えているべき基本的特性と、用途性や保存性など、流通や実使用の際に求められる付加的特性に分けて論じられてきました。このような考え方をベースとして、現在的な意義を付加して、「品質機能ピラミッド」として表現すると、基本的特性のひとつである栄養（一次機能）は嗜好（二次機能）を含めた「広義の機能性」として整理され、安全性・信頼性の土台の上に立っています。そして、現在、いわゆる「機能性」として注目されている生理（三次機能）が、イメージとしては品質機能性群の中でも最も先端の部分に位置します。

機能性農産物や食品の可能性

機能性の長期的なトレンドとして、超高齢社会に対応した食があります。国民全体に健康に対する志向が強くなり、健康・長寿に寄与するように機能性成分を多く含み、有害な成分が少ない食品という、食の差別化戦略がとられるでしょう。そして、このようなトレンドは、日本を追うように高齢化が進む中国をはじめとするアジア地域での先駆けとなり、海外での食市場の拡大に向けた機能性農産物や食品の開発が大きなターゲットとなるのではないでしょうか。

一方で、機能性農産物であれば資源やエネルギーを大量消費しても許されるということはなくなるでしょう。つまり、品質機能ピラミッドの最も基盤を構成する、「適正な労働環境や生産環境」が求められる時代になっています。このような視点からは、もっと植物食を増やすことの妥当性も議論されています。確かに、もう少し植物食を増やせば、地球の持続性と人類の健康にも寄与するでしょう。いずれにしても、まずは「無駄なく適正に食べること」が健康を保つ基本であるという考え方を普及させつつ、植物食の割合を少し増やすくらいが当面実施すべき具体的な方向性でしょう。

農作物と食品の品質機能ピラミッド

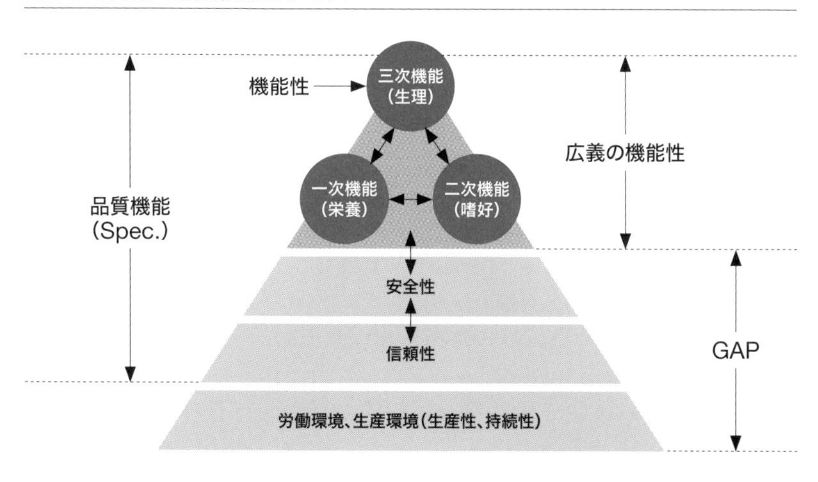

「GAP（Good Agricultural Practices）」とは、「農業生産工程管理」と訳され、農産物や食品の安全確保のみならず、環境保全・労働安全等の持続可能性を確保するための取り組み

Chapter 4

10

無農薬栽培を可能にする施設生産

農業において最も重要な病害虫管理

農業において、生産現場の植物に発生する問題の約８割は病害虫によるものです。特に、露地栽培では適切な防除なしに病害虫の制御は極めて難しいのが現状です。一方、雨よけやネットなどを活用した施設栽培においては、病害や虫害はある程度抑制されます。つまり、施設栽培でも安定した栽培を維持するためには、まずは、病害虫の侵入を抑制することにはじまり、可能な限りさまざまな環境制御を行うことが有効なのです。このことから、化学合成農薬に頼らずに病害虫を回避できる可能性が最も高いのは施設生産だと考えられます。

現状の有機農業で問題が解決するわけではないでしょうが、持続的な生産に向けて有機農業の視点は重要です。たとえば、施設を利用した有機栽培における病害虫管理の戦略は、病害虫のついていない健全苗の供給、圃場衛生管理の徹底、病害虫が入りにくいハウスの構造、病害虫に対する抵抗性品種の利用、行動制御による害虫防除、天敵の利用ということになります。

化学合成農薬に頼らない病害虫防除技術の普及に向けて

病害虫の防除には、化学合成農薬だけに頼らないさまざまな方法があります。生産現場におけるさまざまな防除方法の組み合わせによるオーダーメイドな対応こそが、今後の持続的な農業の確立に向けて推進すべき課題です。

ICTやAIの活用などにより、複雑な事象を扱える手法が登場してきて、これらが病害虫管理に適用される事例も出てきました。たとえば、圃場で発生した病害虫を撮影して画像を送信すると、AIがその画像をもとに病害虫を同定して、発生状況に応じた適切な防除策が示されるようになりました。また、BOSCH社からは、ハウスにおける環境モニタリングと病害予測を可能にする製品「Plantect(プランテクト)」が発売され、各種センサーからの温・湿度や日射等のデータに基づく病害の発生予測が行われるようになりました。

これら技術の社会実装・普及に向けては、それぞれの地域に適合したスマート農業としての一体的な推進が合理的でしょう。特に、施設生産であれば、このような先端技術の統合化が比較的進みやすいと考えられ、完全無農薬栽培も決して夢ではありません。

病害虫による発病と防除に対する基本的な考え方

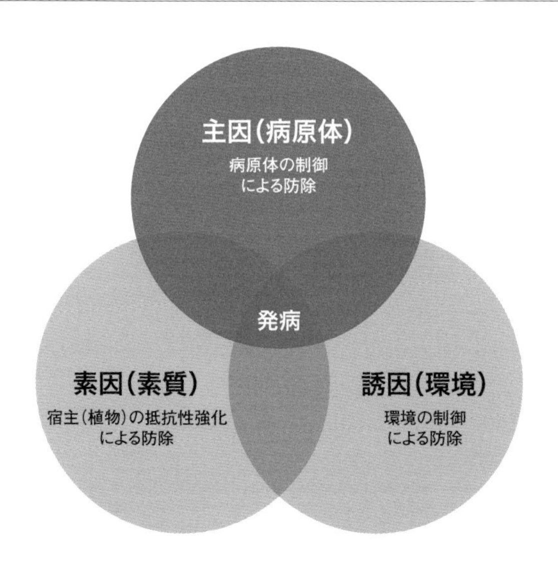

病害虫による発病と防除に関しては、主因（病原体）、素因（素質）、誘因（環境）の３要素に関わる制御手段を組み合わせた総合的な防除がポイント

Chapter 4

11

日本がリードする「機能性表示食品」制度

機能性食品による生理作用

機能性食品とは、「栄養以外の何らかの生理作用をあらわす機能をもつ食品の総称。食物繊維など」（広辞苑）と定義されています。化学物質による生体の特定の生理的調節機能に及ぼす影響を「生理作用」と言います。調節の段階を超えて、よい方向に強力に作用するのが「薬」であり、悪い方向に強力に作用するのが「毒」ということになるでしょう。

「毒性学の父」と呼ばれるスイス出身の医師パラケルススの言葉に、「すべてのものは毒であり、毒でないものはない。その量により、毒かそうでないかが決まる」というものがあります。一般に、食べ物のリスクは食べる量を減らしても増やしても、それほど上がりません。一方、薬は量が少なすぎると効果がなく、本来治るべきものが治りませんが、量を増やせば、治るどころかリスクが上がります。つまり、薬とは適量の管理が難しい性質を持つものです。これらのことから、食べ物と薬の間に位置するような機能性食品には、薬ほどよく効くことが研究によって確かめられていることを厳密に求めることはできませんが、薬に準じる管理は必要となります。

日本の機能性食品の歴史と市場の拡大

1991年、日本は世界に先駆けて、食品の機能性を表示する制度を導入しました。この制度では、機能性を表示することができる食品は、国が個別に許可した「特定保健用食品（特保、トクホ）」と、国の規格基準に適合した「栄養機能食品」に限られていました。その後、2015年に「機能性表示食品」制度がはじまったことから、機能性表示食品の市場は、2015年の約500億円から2017年には約2000億円、2022年には約5000億円へと大きく成長しています。また、機能性表示食品の公表件数約6000品目のうち、加工食品が約2600件、サプリメントが約3200件に対して、生鮮食品は約160件と少ないのですが、生鮮食品を機能性表示食品の表示対象としているのは日本のみで、先進的な取り組みと言えます。

生鮮食品の機能性表示食品には、コメ、ミカン、リンゴ、トマト、ホウレンソウ、モヤシ、カンパチなどがあります。たとえば、静岡県浜松市の三ケ日農協が届け出者の「三ケ日みかん」は、β(ベータ)-クリプトキサンチンが機能性関与成分であり、「本品には、β-クリプトキサンチンが含まれています。β-クリプトキサンチンは骨代謝のはたらきを助けることにより、骨の健康に役立つことが報告されています」と表示され、販売促進に寄与しています。このような機能性表示届出の根拠となる研究レビューは、農研機構で整備されています。そして、これらの情報をさらに充実させ、生産物と情報を効率的に連動させる取り組みが人類全体の健康長寿に役立つと期待されます。

「三ケ日みかん」における機能性表示食品の表示例（画像提供：三ケ日町農業協同組合）

Chapter 4

12

ビタミンやアミノ酸による農産物の高付加価値化

注目される機能性成分

農産物の付加価値を高めることは、農業の持続性を高める戦略のひとつです。なかでも、いわゆる機能性成分を高める手法について、その典型的な事例から今後のアグリテックの展開における狙いどころを考えてみましょう。

ビタミンは人体の機能を正常に保つために必要な有機化合物です。エネルギーの主たる供給源となる穀物や畜産物に対して、ビタミン（特にビタミンC）の主たる供給源は野菜や果物ですが、体内ではほとんど合成できないため、食物から摂取する必要があります。また近年、骨と栄養の関係が注目され、老年期の骨折により認知症が悪化するなどの事例が示されています。骨量は若年時の蓄積が重要ですが、特に若年女性において、魚に多く、キノコ類にも多く含まれる、骨の形成に必要なビタミンDの摂取量が極めて少なく、今後進展する超高齢社会を想定すると、早急に対応すべき課題です。

若年層においては、その他のビタミンの摂取も不足傾向であり、野菜や果物によるビタミンの摂取促進が望まれています。植物工場でも露地生産と変わらないビタミン含有量で生産できることが明らかとなっており、広島市に本社がある村上農園では、ビタミンB_{12}のような、本来野菜には含まれていないビタミンを添加する試みが行われ、スプラウトで商品化されています。ビタミンの摂取には野菜や果物の消費を高めることが必要ですが、あまり意識せずにビタミンの目安量が摂取できる農産物や食品の開発も求められます。

注目されるGABAの機能

近年、さまざまな食品表示で目に付くようになったGABA(ギャバ)は、γ-アミノ酪酸（γ-Amino Butyric Acid）の略称で、脊椎動物の中枢神経系に存在する神経伝達物質としての役割を担うアミノ酸の一種です。ストレスなどをやわらげ、睡眠の質を高めるはたらきが報告されています。また、植物に多く含まれるアミノ酸であるグルタミン酸からGABAが生成されることが知られています。

筑波大学発ベンチャー企業のサナテックライフサイエンスが開発した機能性表示食品「シシリアンルージュハイギャバ®」は、ゲノム編集技術により機能性関与成分であるGABAを高蓄積させることに成功したトマトです。GABAの1日の摂取目安量を少量のトマト果実で摂取できます。また、産業用スプレーノズルメーカーのいけうちは、独自の噴霧耕システムによりGABAを安定的に高含有する栽培法を開発し、機能性表示食品「霧のGABAトマト」として商品化しています。

機能性関与成分GABAを高含有する機能性表示食品「シシリアンルージュハイギャバ」（左）と、「霧のGABAトマト」（右）（画像提供：サナテックライフサイエンス〈左〉、いけうち〈右〉）

Chapter 4

13

野菜のミネラル含量を制御する技術

適切な量の摂取が重要なミネラル

生体の維持と活動に不可欠な元素を「生元素」と呼び、約20種類あります。人間の場合、体を構成する主要な元素は酸素65%、炭素18%、水素10%、窒素3%の4種類で、96%を占めます。この4種類以外の元素が「ミネラル」と呼ばれ、16種類程度ありますが、量的には4%程度しかありません。ミネラルの摂取は、3大栄養素（炭水化物、タンパク質、脂質）と同様に、生体の恒常性維持には必要不可欠です。それぞれのミネラルのはたらきや特徴を正しく理解して適切な量を摂取することが重要です。

厚生労働省は、「日本人の食事摂取基準（2020年版）」で、13種類のミネラルについて、1日の推奨量や目安量が約100mg以上のものを「多量ミネラル」としてナトリウム（Na）、カリウム（K）、カルシウム（Ca）、マグネシウム（Mg）、リン（P）の5種類と、100mg未満のものを「微量ミネラル」として鉄（Fe）、亜鉛（Zn）、銅（Cu）、マンガン（Mn）、ヨウ素（I）、セレン（Se）、クロム（Cr）、モリブデン（Mo）の8種類に分類しています。

疾病にも対応するオーダーメイドの食品開発

ミネラルは植物にとっても必須の元素であり、農産物にも適量含まれていますが、品種や生産方法によって含量を制御することが可能になってきました。

たとえば、ミネラルの含量は養液栽培によって高めることが可能です。カルシウムで2倍、マグネシウムで4倍に高めることができ、この程度では通常の食生活で過剰摂取にはなりませんが、「高機能」を追求して10倍、20倍となると薬やサプリメント的な側面が生じるため、過剰摂取に注意しなければなりません。また、野菜に多く含まれるカリウムは必須ミネラルですが、体内から十分にカリウムを排出することができない腎臓病患者は、野菜の摂取が制限されています。そこで、栽培技術によりカリウムの濃度を低めた「低カリウムレタス」が開発されて、腎機能が低下した透析治療患者の食生活を豊かにすることができました。

このように、さまざまな疾病にも対応できるオーダーメイドの食品開発もアグリテックに求められる重要技術です。究極的には、自然な形で、おいしく農作物を摂取できることが目指すべきところです。植物工場などの生産技術の進展が、私たちの健康維持・増進に寄与することが大いに期待されています。

クリーンルーム内で水耕栽培された低カリウムレタス。一般的なリーフレタスと比べて、カリウム含有量を80%以上カットしている（画像提供：AGRITO）

Chapter 4

14

野菜の旬と生産量や品質の関係

野菜の周年供給システム構築の歴史

「旬」とは、その野菜をおいしく食べられる時期のことを指します。トマトやトウモロコシは夏の野菜、ホウレンソウやダイコンは冬の野菜というように、野菜にはそれぞれ旬の時期があり、味がおいしくなるだけでなく、含まれる栄養素の量も増える傾向にあります。一方、スーパーマーケットでは多くの野菜が１年中出回っているため、本来の旬がわからないものもあります。では、このような豊かな食はどのように確立されていったのでしょう。

日本の経済発展に伴い、農業を中心とした第１次産業から第２次産業、第３次産業へと主産業が移行し、その過程で都市への人口集中と地方の過疎化が進みました。特に野菜は都市での需要増加に加え、農業人口の減少から供給不足が発生したため、それに対応するように、「野菜生産安定出荷法」が1966年に施行されました。そして、露地野菜では産地リレーが、施設園芸では作型の開発により生育期間の延長が行われました。また、予冷・保冷技術の向上やコールドチェーンなどのインフラ整備により、野菜の周年供給システムが確立していきました。こうして、季節を問わず多様な作物が入手できるようになり、昔ほど野菜の旬を意識しなくなったのです。

季節による生産量や成分の変動

施設生産が盛んなトマトは周年供給される野菜の代表格です。たとえば、東京都の大田市場へのトマトの入荷量のピークは例年５月〜

8月あたりになりますが、この時期の価格は入荷量に反比例して低下する傾向にあります。つまり、旬の野菜は生産量が多いが価格が下がるため、生産者からすれば、より高く売れる時期の生産を目指す「旬外し」という方法で収入を増やす戦略も理解できます。このように、旬以外の価格が高い時期に生産することを特化させたのが施設生産ですが、その熱源に化石燃料を多く消費するため、省エネルギーによる効率化が大きな課題です（→ P.160 ~ 161）。

市販のホウレンソウに含まれるビタミンＣの濃度変化が毎月２～3回の間隔で年間調査されており、ビタミンＣ濃度は夏期に低く、冬期から春先にかけて高い傾向が認められています。野菜情報サイト「野菜ナビ」によるとホウレンソウは２月に生産のピークがあります。これは、２月が生物として適した気象条件であるため、最大のパフォーマンスを示しているのだと思われます。経営戦略の構築には、このような生産量と価格の関係も十分考慮する必要があります。

トマトの月別取扱量と価格の関係

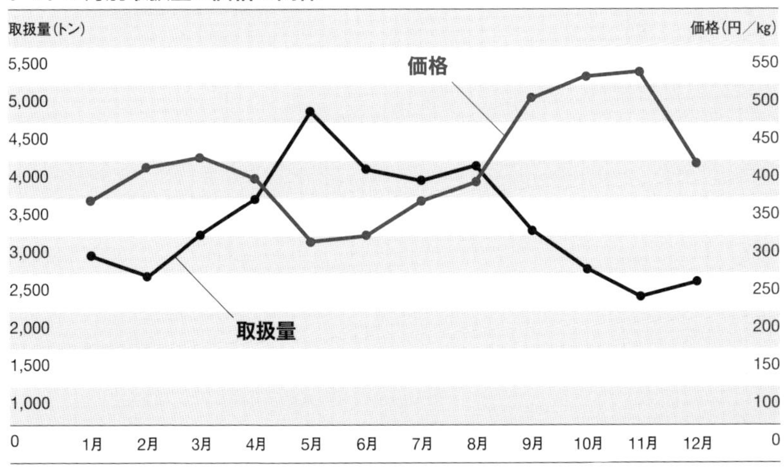

東京・大田市場におけるトマトの取扱量と平均卸売価格の月別推移。取扱量、価格ともに、過去５年間（2018 年～ 2022 年）の平均値で、取扱量は最も多い５月に比べて 11 月は半分以下になる。一方、価格は最も安い５月に比べて 11 月は８割ほど高くなる

Chapter 4 15

農産物や食品の信頼性確保と品質評価

情報の「見える化」による信頼性の確保

農産物や食品の信頼性の根本は徹底した情報の「見える化」です。「品質機能ピラミッド」の全情報が開示されることが究極の信頼性につながります。高GABA含有トマトのように特異的な機能性が「見える化」されるとともに、それがどのような資材やエネルギーを使用して、どのような環境で生産・流通されたものなのかという情報が開示される必要があります。また、海外に展開する上では、科学的な情報に加えて、地域や文化に根差した物語も組み込んだ情報を開示することにより、信頼性の醸成とともに消費が喚起されることでしょう。

近年は、農産物の総合的な品質機能の高さを具体的に示すツールも開発されています。たとえば、デリカフーズが提供する野菜品質評価基準「デリカスコア®」には、多様な農産物についての総合的な品質が開示されています。今後は、農産物の体内に取り込まれ、組織を構成する元素（水素、炭素、窒素、酸素の各同位体）の組成による産地判別の情報や、生産環境において有機物の適正施用が図られているかを示す指標、従来は標準的には測定されてこなかったアミノ酸の情報など、より詳細な生産物や生産環境の情報が集積されていくと考えられます。そして、このような個別のデータと生産物を結び付けて開示することが、農産物や食品の信頼性の確保につながるとともに、持続的な生産の推進にもつながると考えられます。

地理的表示保護制度による地域ブランドの保護

「地理的表示保護制度」とは、その地域ならではの自然的、人文的、社会的な要因の中で育まれてきた品質や社会的評価等の特性を有する産品の名称を、地域の知的財産として保護する制度です。ビジネス化するにあたり、「GI（Geographical Indication）マーク」と呼ばれる統一ロゴによって、その産品の魅力が「見える化」されることで効率的な訴求が可能となり、需要者の信頼を醸成するツールにもなります。

GIマークは、地理的表示保護制度がはじまった2015年から2022年までに、「夕張メロン」「下関ふく」「くまもと塩トマト」など、42の都道府県の117産品が登録されています。これらはいずれも、日本ではなじみのあるものですが、海外市場への浸透は不十分です。そこで、安全・安心で評価が高い日本の農産物のブランドイメージを維持しながら、地理的表示保護制度を有効活用するしくみを充実させて、海外市場への展開も進められています。

2015年に登録されたGIマーク産品7品目の中で、第4号に登録された「夕張メロン」（画像提供：夕張市農業協同組合）

Chapter 4

16

農産物と関連技術・製品のパッケージ輸出促進

農林水産物・食品輸出の現状と展望

2023年の農林水産物・食品の輸出額は約1.45兆円となり、2012年の0.45兆円から堅調な伸びを示しています。国や地域別に見ると、2023年に最も輸出額が大きかったのは中国（2376億円）ですが、8月以降、日本からの水産物の輸入規制により、通年では前年比約15%減少となりました。中国とほぼ同額の香港（2365億円、前年比+13%）に米国（2062億円、前年比+6%）がつづきます。また、品目別では、「水産物」の真珠（前年比+92%）、カツオ・マグロ類（同+27%）、ブリ（同+15%）、「野菜・果物」のイチゴ（同+18%）、ナガイモ（同+25%）の増加が目立っています。

現地生産、現地販売モデルに必要な4つの視点

日本の農林水産物・食品の信頼を担保するGIマークの取り組みは国内生産のものを海外に輸出する「輸出モデル」で、2030年までの輸出目標5兆円を達成する上でも重要になります。一方、たとえば、米国カリフォルニア州で日本式のコメ生産が行われ、輸入されているパターンは「逆輸入モデル」となり、国内市場を守る視点からは警戒を要します。また、「現地生産、現地販売モデル」は、海外で日本式の生産を実施して、その生産物を現地で販売するパターンです。知的財産として日本式の生産方法を展開することも農業の展開方法のひとつであり、日本型農業で稼ぐモデルはほかにもいろいろあると思います。

日本の農産物の認知度が世界的に高まれば、同じ品質の農産物を現地で生産する「現地生産、現地販売モデル」が盛んになるでしょう。そしてその際には、先進性、再現性、市場性、秘匿性という４つの視点が技術として求められることになります。

たとえば、高温多湿な東南アジアの環境ではオランダ式のハウス栽培の展開は困難でした。そこで、東南アジアと同様の気象条件である亜熱帯気候の沖縄県石垣島でトマトやイチゴの安定多収生産を実証しました。「アジアモンスーン型植物工場」として構築し、その生産システムを東南アジアに売り込む試みが行われています。

また、農機メーカーのクボタが2022年からタイで展開をはじめた農作業を管理するアプリは、肥料の使用量や農機の燃料が管理できるので現地農家の反応も良いようです。これまで東南アジアの農業機械市場は日本の独壇場で、トラクターのシェアは８割を占めていましたが、近年、中国メーカーが攻勢をかけています。そこで、優位性を維持するためにも、今後は水管理やドローンなどとスマート農機との連携や情報で技術をつなげるパッケージ戦略を進める必要があります。

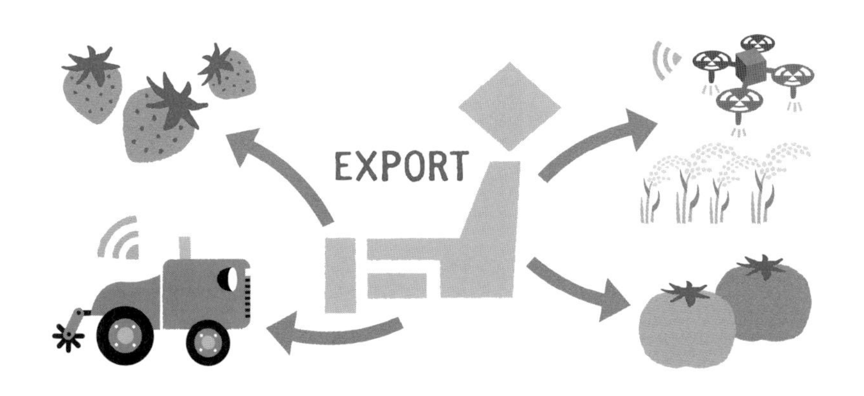

Chapter 4

17

農産物の鮮度保持と加工技術

品質管理でポイントになる鮮度保持

アグリテックは農産物の素材の良さを活かすことが第一で、それを流通過程で保持しながら消費者に届ける戦略が考えられます。一方、フードテックは食品を加工することで長期保存を可能にして、フードロスを低減するなど、新たな付加価値を創造する戦略が基本です。生産現場に近い農産物の大きなセールスポイントは、やはり「鮮度」になるでしょう。もちろん、熟しておいしくなるような種類の果実もありますが、それも、生産現場における最終消費を想定した品質管理がポイントになります。

農産物の品質劣化を防ぐ技術

農産物の品質低下に最も大きく影響を及ぼすのが「呼吸」です。収穫された農産物は水分供給が断たれ、光合成作用も制限されます。そのため、糖や酸を分解する呼吸作用だけが進行し、栄養成分の減少に伴う栄養価や食味の低下や色素の減少による黄変などの品質低下が起こります。呼吸は温度が高いほど盛んになるため、温度を下げたり涼しい場所に置いたりすることが基本的な対策です。

農産物はそのまま放置しておくと、水分が「蒸散」することで、しおれて光沢がなくなり新鮮さが失われます。蒸散は温度に影響され、農産物の種類によっても異なります。特に野菜はその重さの約90%を水分が占め、そのうちの5%を損失すると商品としての価値は著しく低下します。

農産物は収穫時や収穫後の取り扱いを乱暴にすると傷がつき、その部分から「微生物」による腐敗がはじまります。そして、外観が悪くなると商品価値がなくなります。また、植物ホルモンの一種である「エチレン」により呼吸が促進されることで、老化を早める品目（リンゴ、アボカド、カキ、トマト、バナナなど）もあります。

これらの農産物の品質劣化を制御する方法として、「呼吸」に対しては温度調節や環境ガス調節、「蒸散」に対しては低温処理、湿度調節、包装、「微生物やエチレン」に対しては低温処理、環境ガス調節、薬剤処理などが開発されています。

さらに、農産物の場合、輸送に伴う「衝撃」が大きく品質劣化をもたらします。たとえば、近年輸出が増加しているイチゴは輸送に伴う衝撃による品質劣化が大きな問題になる品目ですが、包装資材メーカーの大石産業が開発した「ゆりかーご」は、宙吊り構造で輸送中の振動を緩和してスレ傷を防止する新型イチゴ容器です。イチゴの品質劣化を防ぐ方法として実用化がはじまっています。

宙吊り包装でイチゴを守る「ゆりかーご（Aタイプ）」（左）。本体はやわらかいフィルム素材で、ゆりかごのようになっている（右）（画像提供：大石産業）

見直される保存食

「保存食」は長期保存ができるように加工・処理された食料です。数か月以上にわたって保管できるため、近年増加する自然災害時の非常食としても再注目されています。

食品を長期保存するには乾燥させることがポイントです。「乾物」は、野菜や海藻類、魚介類などを乾燥させて細菌やカビなどの微生物による腐敗を防止し、常温で数か月以上の長期保存を可能にした、古くから親しまれてきた食品です。切り干し大根、高野豆腐、寒天などは、現在でもおなじみの食品ですが、近年では、ドライフルーツの需要が増加しています。

「フリーズドライ」は、食品を凍らせた後、真空に近い状態にして乾燥させる食品加工製法です。乾燥工程で食材に高い温度をかけないので、食材の色や香り、風味、食感などが復元されやすく、ビタミンなどの栄養素が損なわれにくいという大きなメリットがあります。味噌汁やスープ類には、乾燥食品とは思えないレベルの商品も多くなっています。また、熱風で水分を蒸発させる「エアードライ」という食品加工製法を使うと、体積が少なくなり、５年程度の長期保存も可能になるため、非常用の備蓄に向いています。すでにピラフなども商品化されて、一般にも入手可能です。冷凍食品と合わせて、近年、消費が伸びているカテゴリーで、食のデータを駆使して、生鮮食品に肉薄しています。

Chapter 5

これからの農業と食のあるべき姿

日本型農業の現状と課題、先端科学技術やICTを活用したスマート農業の展開、農業経営における人材、知財、戦略の重要性など、多様な側面からこれからの農業と食が目指すべき姿を考察します。

Chapter 5

01

日本とオランダの農業戦略の違い

水田作と畑作の展開と現状

日本の農業は長い歴史の中で水田作を中心に展開し、国家のしくみや制度も米作に大きく依存してきました。そして、第二次世界大戦後の食糧難の時代を克服し、1968年にコメの自給が達成されて、ひとまずこの農業戦略の成功が証明されました。一方で、この時すでに国内のコメ消費は飽和状態でした。米国などの農業戦略と異なるのは、余剰生産に対する輸出戦略が欠けていた点です。これは、日本の農業戦略の成功を全国津々浦々にまで普及させるという、画一的かつ柔軟性に欠ける戦略であったためかも知れません。そして、その後の対策も大きく変わることはなく、よりよい食味を求めるコメの品種開発と施肥法や機械化を進展させて、減少する農業人口に対応するのが精一杯でした。コメの消費減少がより鮮明になり、加工品や畜産品への変換方法として飼料イネの普及が図られましたが、生産現場のイノベーションにはつながっていないのが現状です。

主要作物であるイネの補完的な役割として、カロリーとタンパク源となる畑作物のムギやイモ、ダイズも生産されてきました。また、コメの過剰生産の状況から、副食となる野菜の農産物としての地位が向上し、露地野菜の産地形成が進みました。こうして、野菜や果物が食の豊かさを増すとともに消費量も増加しました。そして、もうかる品目として特に野菜の施設生産が発展し、現在では、品種や生産方法がパッケージとして中国や東南アジアでも展開されるようになっています。この場合、種苗などの知財管理をより厳密に行い、適正な対価が得られるしくみにしていく必要があります。

オランダの農業展開の歴史に学ぶ

日本農業に変革を起こすには、オランダの農業展開が今でも参考になります。オランダの農業展開は、施設園芸や酪農・畜産等の労働・資本集約型の農業部門へ特化する戦略でした。輸出を前提とした、高収益作物を効率的に生産する構造へとシフトして、世界有数の農業大国になりました。このようなオランダの高効率農業の実現には、「EER triptych」と呼ばれる世界的に評価の高いオランダの農業教育・普及・研究システムが寄与しました。

1990年代には、EER triptychの基本構造のもと、その機能強化としてワーヘニンゲン大学研究センター（Wageningen UR）の創設と普及組織の民営化などの改革が行われ、学部レベルの教育から応用研究まで、ひとつの組織で対応することが可能になりました。このような協同体制を支える「ポルダーモデル」という文化があり、治水における協力体制など、日本が稲作で培ってきた文化とも相通じるものがあります。これは、日本におけるアグリテックやフードテックでの変革の創出にも参考になる視点です。

EER triptych

E	E	R
農業教育 (Education)	技術普及 (Extension)	農業研究 (Research)

オランダでは、EER triptychと呼ばれる農業教育機関・普及機関・研究機関が緊密に連携した三位一体システムの取り組みへ多額の研究資金を投入することで、EU内における農業の競争力強化を支援し、農作物の選択と集中とIT技術の活用を行ってきた

Chapter 5

02

農業研究成果を社会実装につなげる手法

再現性を採ることが難しい現場の農業生産

アグリテックの好事例として、施設園芸などで環境を制御する手法が取り上げられ、フードテックでは、農産物の成分や機能性を自在に制御することが目指されています。しかし、農業の主要な部分は地球環境に大きく依存せざるを得ません。まったく新しい宇宙環境を人類が創出して、そこで持続的な生活をはじめるまでは、食料生産は地球環境からの影響を免れません。

また、アグリテックの重要な技術として、養液栽培など、土壌を使用しない栽培法が取り上げられますが、実際、地球での生産を考えると、多くの作物が依存する土壌が農業生産全体に与える影響は大きいものがあります。土壌は鉱物や動植物、微生物等の多様な要素により、数億年もの時間を経て醸し出されたものです。また、地球の気象環境も、周期性はあるものの、毎年異なります。

つまり、農業生産は法則性はあるが「一回性の現象」として捉えられ、特に、果樹生産など着果までに数年を要するものは、植物体に刻まれた複数年の履歴がその生産性に大きく影響します。「一回性の現象」とは、ある事柄が一回しか起こらず、厳密には再現できないことです。科学技術においては再現性が重要ですが、履歴を伴う環境において研究を行う場合、厳密には再現性を採ることが難しいという本質的な問題があります。つまり、農業生産は極めて複雑な環境と生物の相互作用の結果として成り立っているのです。

新たな課題の発見と結果のフィードバック

このように複雑な現場での課題解決を再現性が必要とされる科学的議論の題材にすることは、極めて困難なアプローチです。たとえば、あるひとつの研究モデルにおいて、新たな課題は生産現場から得られることが多く、観察により着想を得て、仮説を立てて、それを検証します。研究フィールドでは環境は制御しきれませんが、不完全ながらある程度の仮説の採択が可能でしょう。さらに、より環境制御された実験を行うことにより、再現性の高い結果を導き、その結果を最初の課題解決にフィードバックすることができます。

現場課題の研究アプローチとフィードバック

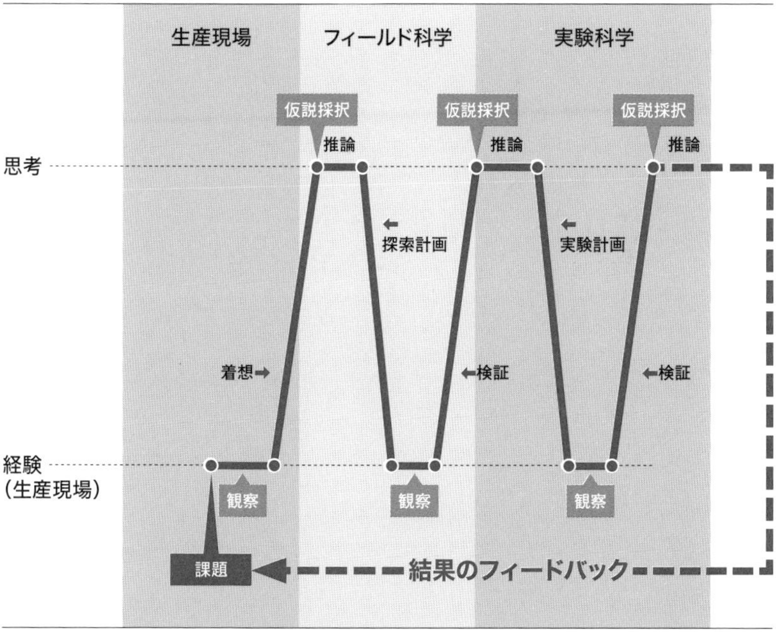

生産現場での課題をフィールド科学と実験科学を通して仮説・推論・検証し、その結果を生産現場での課題にフィードバックすることを繰り返す

農業研究成果の社会実装の難しさと総合知

「研究成果をいかに普及指導につなげるか」については、弘前大学名誉教授の菊池卓郎博士が『農学の野外科学的方法』の中で述べています。『農学の野外科学的方法』は、農学の研究成果が生産現場に適用され、その結果が仮説の改良につながるという研究について論じた解説書です。

技術的な発展が著しい施設生産は、最高レベルの生産者であればアグリテックの視点から管理の改善を行うことができ、社会実装が適用しやすい研究分野です。しかし、このような研究成果の現場導入が容易な分野であっても、実際は病害虫や品種評価、作業技術、労務管理、経営管理など、さまざまな分野で課題の発見と結果のフィードバックというスキームを回す必要があります。

つまり、農業研究の成果を社会実装につなげるためには、総合的な知見を有した課題解決が可能な生産者や研究者が求められるということです。生産現場での「一回性の現象」から着想を得て課題解決を実施する人材育成が急務であるとも言えます。そして、研究成果を普及させるためには、総合知で集団として解決するしくみも考える必要があるでしょう。

アグリテックの普及に関する農学の重要テーマ

このような研究と普及に関する農学の重要テーマについて、菊池卓郎の指摘は的を射ていると考えます。そして、農業という複雑系の課題解決には、ロジカルなスキームとともに集合知で挑むのが適切でしょう。

「研究成果を生産の場に活かすのではなく、生産現場において何が必要かということから研究がはじまるべきだ」というのは、農学研究の本質的な性格だと思う。（中略）本当に求められているものは、専門分野を横断して複雑に絡み合ったさまざまな要因の中から、どういう経営形態、栽培方式などが有利性を発揮できるかを見つけ出すことである。最初から個別の専門の立場で検討しても出てくるものではない。上述のような個別の専門にとらわれない検討は誰が担当すべきか。現実的には栽培にかかわる研究者と普及指導にかかわる技術者で、産地の実情によく通じ、しかも行政や特定の組織、団体の思惑にしばられない人たちの少数のグループがよいのではと考えている。
（『農学の野外科学的方法』菊池卓郎著、農山漁村文化協会より引用）

Chapter 5

03

基礎研究の重要性と社会実装に向けた役割分担

技術の社会実装のための役割分担

民間企業には既存事業で培われたさまざまな技術を、農業や食品の生産現場への社会実装に応用する企業があります。たとえば、施設生産におけるハウスメーカーの中には、ハウス本体をはじめ、養液栽培装置や環境制御装置等をパッケージ化して販売しているケースがあります。実際の施設生産では、ある程度パッケージ化された生産施設を農業経営体が運営して生産を行い、生産物の販売を行っています。そして、より効率的な経営を行うためにコンサルタントのアドバイスが必要となる場合もあります。農業や食品産業においてデータ化が進展することにより、多様な民間企業が参画するケースも大規模農業経営体を中心に増えています。

施設園芸はある程度成熟した産業ですが、なかでも大規模農業経営体では自立的に発展しているモデルが形成されつつあります。たとえば、トマト生産の収量は日本全体の平均が20kg／㎡であるのに対し、民間企業では50kg／㎡となり、オランダでは70kg／㎡です。さらに、生物としてのトマトのポテンシャル収量は200kg／㎡と言われていますが、民間企業だけでは収量の限界に近づけないでしょう。そのため、画期的な収量を上げるためには基礎的な研究成果を取り入れることが必要になります。現状、収量を底上げするための基礎的な技術開発は国立研究開発法人や大学が担うべきですが、同じ公的機関でも地域センターや公設研究センター（都道府県）は、より実証に軸足を置いた役割分担が想定されます。先端を形成しつつ、国としての全体的な底上げを図るのです。

大学に期待される基礎的な研究

基礎的な研究はその成果を大学に期待されることが大きいですが、スマート農業やフードテックなどのテーマについては、広範な期待に応えきれていないのが現状です。施設園芸を経営するには、生産原理の知識はもとより、販売までの企画立案や企業体としての労務管理などを含めた運営を行うことができる人材が必要です。しかし、このようなスキルを実装できるカリキュラムを有する大学は少ないのではないでしょうか。都道府県の農業者大学校などでは実践的な人材育成が行われているものの、高度な施設園芸に対応できる人材育成は不十分と言わざるを得ません。

また、大企業においても植物工場を含む施設園芸を事業化する場合は、OJT（On the Job Training）を基本とした取り組みが実情ではないでしょうか。日本においてスマート農業やフードテックを産業として基盤を強固なものにするためには、大学や公的機関、民間企業それぞれの資源を活かしながら、戦略的に人材育成を図るべきです。

Chapter 5

04

技術開発のしくみと普及への道筋

技術を社会実装するためのPDCAサイクル

これまで農業では、業務効率の改善手法である「PDCA（計画、実行、評価、改善）サイクル」が意識されることなく営まれてきたように思います。しかし、農業に先端科学技術を取り込む場合は，利害関係が複雑で多様なプレイヤーが関わることを念頭に、それぞれのステップをより定量化してPDCAサイクルを回す必要があります。

科学的な知見を社会実装まで結びつける枠組みを具体的にイメージしやすいように、施設園芸における「CO_2施用」について例示します。CO_2施用に関する科学的な知見は、光合成のメカニズムと関連します。CO_2を材料として糖類がつくられることは既存の知見で、その適当な施用濃度などは、ある程度解明されています。これは、データを解析して理論が構築された過程であり、現在でも、さらに効果的なCO_2施用法の開発が行われています。つまり、基礎研究の成果も、実用に至るまでには、失敗も含めた仮説の再設定が繰り返され、膨大な試行錯誤を経ているのです。

次に、この成果を技術として応用するステップです。具体的には、CO_2センサーなどをハウスに設置して植物体を生育させます。これはシステム構築の段階で、そこからデータを得て解析する流れとなります。実際の施設生産においては、CO_2施用のような個々の要素技術について評価をするほか、育種の成果やICTの成果とすり合わせて、システムとして評価する必要があります。CO_2施用は、ポテンシャルとしては生産現場において収量を増加させることが考えられますが、当然、品種や環境状況による差異が想定されます。つまり、それがどのような生産システムと組み合わせることが合理的なのかを、実証を想定した圃場で評価する必要があります。この場合、種々の技術との親和性を加味して可能性の高いシステムを組み上げて、検証を行うことになります。このような組み合わせやすり合わせの部分はすべての可能性を総当たりで検討するわけではなく、専門家集団としての経験知や暗黙知が重要となります。そして、専門家集団による試行錯誤により、合理性を持った提案としてのパッケージが示されるのが従来の流れです。また、この提案についても、システム構築からデータ分析による評価を実施しつつ、PDCAサイクルを回しつづけることになります。つまり、パッケージはあくまで提案であり、これが実際の生産に即時展開できることにはなりません。このような試行錯誤の過程にAIが入ることにより、より効率的な開発が可能となるでしょう。

最終的に、できあがったパッケージについて、空間および時間的な変動に対してどれだけ強固なものであるかを検証します。それが「社会実装」と呼ばれるステージです。一般的に、社会情勢（時間）および地域性（空間）による修正を迫られます。修正されたモデルにおいてもPDCAサイクルを回して、発生した問題を不断に解決することで、現場で使える強固なモデルとなるのです。

Chapter 5

05

ビジネスモデルの構築に欠かせない人材育成

意思決定を行える人材の育成

先端技術を基礎から立ち上げ、それを社会実装にまでもっていくためには、不断のPDCAサイクルの回転が必要となります。また、システムをビジネスとして持続・継承していくためには、複雑な状況において意思決定を行える人材の育成と、そのしくみを一定期間運用できるビジネスモデルの構築が重要です。先端技術の社会実装の最終形は、高度な生産システムを状況に合わせて運営できる人材とセットで機能する姿です。

アグリテックやフードテックを導入して生産技術を発展させるには、人材の育成と自立の両方が必要となります。まずは、生産者も一定のレベルに達する必要がありますが、それだけでは不十分です。生産企画から販売、運営まで、さまざまな情報を得て自己研鑽し、展開させる能力が必要です。アグリテックやフードテックをビジネスとして確立していくためには、産業としての性質を理解しつつ、多様な視点で事業計画を構築する必要があります。施設生産に代表される高度な農業生産やフードテックとは、そのような分野です。

質の高い情報やコンサルタントとその対価

インターネットが社会インフラとなり、情報はあふれています。しかし、質の高い情報については、生産者のためにも無料にしないほうがよいとの指摘もあります。なぜなら、情報の整理には時間と労力が必要であり、その対価は支払われるべきということと、情報を得る側も一定の費用を負担することで、より熱心に体得しようとするからです。質問などをテキストで入力すると、AIによる回答が自然な文章で出力される、対話に最適化された言語モデルの「チャットGPT（Generative Pre-trained Transformer）」などにより、比較的簡単に高度な情報が入手できる時代が近づいています。一方、ある程度確度の高い整理された情報は、まだ価値が高いと思われます。

施設園芸に関しては、非常に質の高い有料のセミナーもあります。内容にもよりますが、栽培方法のコンサルタントの場合は生産者に一方的に教えるというよりも、対等な立場で共に成長していくことが基本となります。一方、栽培管理に関するコンサルタントの場合は成功報酬型で実施すると問題が発生する場合もあります。なぜなら、生産者が目的意識を持たない状態で依頼をすると、一時的にうまくいったとしても長期的な成功となりにくいことがあるからです。また、農業は環境によって大きく影響されるため、すぐに成果が出ないケースも考えられ、このような場合、コンサルタントと生産者との本来あるべき良好な関係が築けなくなる恐れがあります。

Chapter 5

06

イノベーションに必要な視点と社会実装の場

今後の技術開発とイノベーションに必要な視点

アグリテックやフードテックの技術開発とその展開に必要とされる視点は、体制とそれを担う人材および、この分野を担う次世代の運営主体になります。データ駆動型農業に象徴されるように、体制については日本型のフレームワークへと集約されて、標準化がさらに進むと考えられます。そして、次々とイノベーションを生み出す手順も提案されていくでしょう。すでに、施設園芸では全国10か所に「次世代施設園芸拠点」が整備され、核モデルとなっています。また、アグリテックでは、「スマート農業実証拠点」がその役割を担っています。

アグリテックやフードテックの技術開発と展開を担う人材には、生産現場に則した研究開発の実施と個別の事例に合わせた課題解決が求められます。なかでも開発人材は、インフラとその利用による技術開発を担います。また、アグリテックやフードテックの本格的な展開には、システムを運営する人材としてイノベーションを提案し、課題解決を行うことができる人材集団（高度なコンサルタント）が必要です。

今までの農業や食品産業における運営主体は公的なプレイヤーが主流でしたが、今後は、費用対効果の考え方をシビアに持ちつつ、ファンディング（資金調達）手法にも長けるベンチャー企業やスタートアップが運営主体になると思われます。そして彼らには、売上の増加に対して一定割合の報酬を得るようなしくみも必要になります。

農業の研究開発がビジネスへと成長するために

「農業関連の情報は無料であり、責任も発生しない」という体制から、「情報は有料であり、共同で問題を解決する」体制にすることが大切ではないでしょうか。今まで、公的なプレイヤーが担ってきた農業の研究開発がビジネスへと成長するには、研究開発を社会変革へと引き上げる要素技術と人材育成、そしてそれが自立的かつ持続的に発展できる実践の場が必要です。高度な理論が理解・実践される場として「次世代施設園芸拠点」や「スマート農業実証拠点」などを積極的に活用することが、日本型モデル構築の近道でしょう。

国を挙げての普及指導体制により、稲作の技術は日本型モデルとして成功したと言えます。しかし、施設園芸の先進国であるオランダは少し異なり、技術の普及というよりも、大学やコンサルタント企業がイノベーションを起こして課題の解決を行っています。それぞれの農家が抱えている問題は異なるため、個別に対応を行う姿勢です。日本では、現在でも「マニュアルを活用した普及」という考えが主流ですが、「マニュアルで対応できることは価値がない」という考え方もできます。スマート技術も、それを活用した課題解決の対価が見えるようなしくみへと進化していく必要があるでしょう。

イノベーションに必要な視点（体制、人材、運営主体）

体制	標準化（日本型フレームワーク）、次々とイノベーションを生み出す手順（スキーム）、次世代施設園芸拠点やスマート農業実証拠点など、拠点を核に展開	
人材	生産現場に則した研究開発を実施し、個別の事例に合わせた問題解決	**開発人材**　インフラとその利用開発（技術プールがあり、そこから改良、統合、すり合わせを実施する）
		運営人材　コンサルタントなど、イノベーションによりソリューションを提供する集団
運営主体	ベンチャー企業やスタートアップの推進、ファンディング、費用対効果、売り上げ増加に対する一定割合の報酬を得るしくみなど	

Chapter 5

07

人と人をつなげる農業と食の活動

地域で支える農業

農産物が生産者から消費者に届くまでには、海外からの輸送を含め、多岐にわたる流通経路が形成されてきました。そして近年は、より遠くから運ばれることで、さらに複雑な流通経路になり、農業と食の距離は離れてきています。

本来、農業は地域の自然やコミュニティを基盤に成り立ってきたという側面があります。米国で盛んになっているCSA（Community Supported Agriculture、地域で支える農業）という概念が、日本でも注目されています。しかしこれは、1960年代の日本で生産者と消費者の「提携」によって生まれた営農形態が米国に伝わり発達し、近年になって逆輸入されたものです。いずれにしても、人と人をつなげる農業と食の力が改めて見直されてきています。

学校給食の歴史と子ども食堂、農福連携

1889年、山形県の大督寺に建てられた小学校で、貧しい家庭の子どもに無償で昼食が提供されたことが、日本の学校給食の起源とされています。その後、児童の栄養改善のための方法として国が奨励しましたが、戦争による食料不足で中止を余儀なくされました。戦後、児童の栄養状態の改善を目指して学校給食が再開され、1954年には、「適切な栄養の摂取による健康の保持増進を図ること」を趣旨とする「学校給食法」が成立しました。そして、2009年に「学校給食法」が改正施行され、「食育」が推進されるようになりました。

この「給食」というしくみも、新たな技術で展開させる必要があります。たとえば、給食で地域をつなげる事例として、愛媛県今治市の自校方式の学校給食事業は先駆的なものです。1970年代から有機農業への取り組みを強め、昨今、「みどりの食料システム戦略」が推進される中で、一層評価されるべき取り組み事例です。

「子ども食堂」は、地域住民や自治体が主体となり、無料または安価で栄養のある食事や温かな団らんを提供するコミュニティの場として、近年、注目される取り組みです。家庭の事情で「共食」が難しい子どもに、安心して過ごせる共食の場所を提供することが目的で、東京都大田区にある八百屋が、2012年夏にオープンしたのがはじまりとされています。

「農福連携」とは、障がいを持つ人などが、農業分野で活躍することを通じて、自信や生きがいを持って社会参画を実現する取り組みのことで、担い手不足や高齢化が進む農業分野において、新たな働き手の確保につながる可能性もあり、近年注目されています。

愛媛県今治市大三島地区の学校給食における地産地消の取り組み。すべての献立に使用する農産物は大三島で収穫された有機農産物を使用し、しし肉カレーのしし肉は大三島で捕獲・加工されたイノシシを使用している（画像提供：今治市農林水産課）

Chapter 5

08 育苗技術の活用や輸出型植物工場への展開

育苗システムの開発とそれを核とした展開

園芸生産においては、「苗半作」や「苗八分作」という言葉があります。苗づくりがうまくいけば、生産の半分、場合によっては８割がうまくいくという、園芸における苗の重要性を説いた言葉です。つまり、農産物を効率的に生産するためには重点的に制御すべきポイントがあるということです。

三菱ケミカルアクア・ソリューションズの「苗テラス™」は、いち早く苗の安定生産に着目して研究開発が行われ、製品化されて普及している好事例です。千葉大学園芸学部で開発された「閉鎖型苗生産システム」による育苗技術を応用しています。光を透さない断熱壁で囲われた人工環境で、天候や季節の影響を受けずに計画的な育苗が可能です。全国231か所の導入実績（2022年８月現在）があり、中国や東南アジアなど、海外でも使用されるシステムにまで成長しました。今後は、さらに大きな苗に育てることで、地球温暖化で過酷になる本圃の栽培環境での安定生産につながります。

たとえば、「苗テラス™」でのトマトの育苗は本葉４枚程度の苗が一般的ですが、本葉11～12枚で第１花房が開花した苗ができれば、定植後の外気温の影響を受けにくく、より安定した着果が得られます。また、サカタのタネがその種苗のシェアの８割近くを有するトルコギキョウは生育が遅い花ですが、「苗テラス™」による早期育苗と大苗化により本圃に定植後３～４か月で収穫できるようになり、１棟のハウスで年３作の生産が可能となります。

アジアモンスーン地域向け植物工場の開発・展開

ジャパンプレミアムベジタブル（JPV）は、農林水産省の２つの事業である「知の集積と活用の場による研究開発モデル事業」における「アジアモンスーン植物工場システムの開発」と「イノベーション創出強化研究推進事業」における「アジアモンスーン地域でのイチゴ栽培技術の確立」の成果を社会実装することを目的として、2022年に設立された会社です。

その主たる技術は、亜熱帯の沖縄で日本の農業界と産業界の技術を合わせて開発した、アジアモンスーン地域向けの太陽光利用型の「ITグリーンハウス」です。特に、高温多湿な熱帯・亜熱帯地域で日本品質のトマトやイチゴを安定的に生産する技術に特徴があり、日本の農業技術で海外の地域社会の発展に貢献し、持続的に役立てる形での普及を目指しています。まだ、このような開発された技術がパッケージとして展開される事例は珍しいですが、今後、このような取り組みを促進していく必要があるでしょう。

ジャパンプレミアムベジタブルの「ITグリーンハウス」（画像提供：ジャパンプレミアムベジタブル）

Chapter 5

フードロスの低減と残渣処理技術

フードロスの現状と削減目標

まだ食べられるのに捨てられてしまう食べ物のことを「フードロス（食品ロス）」と言います。FAO（国際連合食糧農業機関）の報告書によると、世界の食料生産量の3分の1に相当する約13億トンの食料が毎年廃棄されています。日本でも年間約600万トンもの食料が廃棄されており、これは、すべての日本人が毎日茶碗1杯分のごはんを捨てている計算になります。日本におけるフードロスは、小売店での売れ残りや飲食店での食べ残し、生産現場での規格外品などの事業系食品ロスと、家庭での食べ残しや廃棄などの家庭系食品ロスの大きく2種類に分かれ、それぞれがおおよそ半々です。開発途上国でもフードロスは発生していますが、技術不足で収穫ができない場合や、流通環境や保存・加工施設などのインフラが不十分で廃棄される場合が多い状況です。

SDGsにおける、目標12「持続可能な消費と生産のパターンを確保する」には、「2030年までに小売・消費レベルにおける世界全体の一人当たりの食品廃棄物を半減させ、収穫後損失などの生産・サプライチェーンにおける食品の損失を減少させる」という目標（ターゲット12.3）が盛り込まれています。日本の目標は「2030年度までに、2000年度比でフードロスを半減する」というものです。その実現には個人・事業者・自治体などが協力した取り組みが必要であり、技術開発では、国内外でフードロスを低減させる技術群（スマート流通）の充実と現場での実証的な適用が欠かせません。

残渣の処理と活用に向けた取り組み事例

たとえば、歩留まりが高い植物工場でレタスを生産する場合でも、9%程度の廃棄部分が発生します。このような残渣を産業廃棄物として処理するためには経費が発生するので、可能な限り減容して廃棄するニーズが発生しています。業務用生ゴミ処理機メーカーのシンフォニージャパンは、減容脱水機を開発して処理費用を低減させるとともに、発生する残渣を液肥や堆肥として有効活用する技術開発を千葉大学と共同で行っています。これは、「野菜の組織は軟弱で、95～90%は水分である」という特性に注目した技術で、廃棄物の特性に合わせた処理の合理性を示す事例です。

一方、冷熱エンジニアリングの菱熱工業は、加工などの過程で廃棄される野菜（レタスおよびトマト）を閉鎖型残渣高速分解装置によって処理しています。この装置では数時間で残渣が分解され、主要な肥料成分（N、P、K、Ca、Mg）の回収率も半分以上と良好でした。特に、レタス廃液はレタスの養液栽培の処方におおむね合致する組成と判断され、液肥としての循環利用が可能となりました。

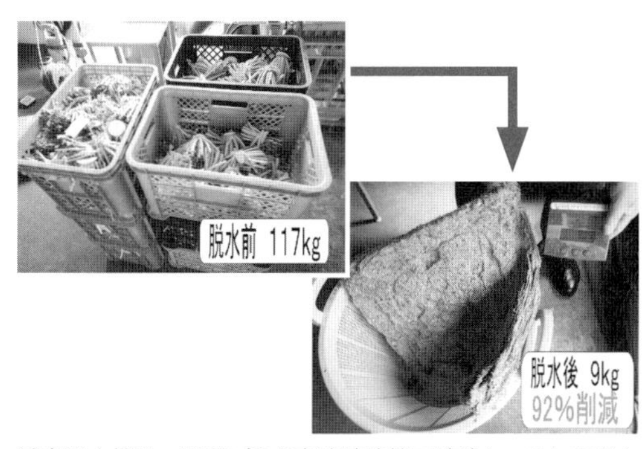

減容脱水機は、野菜ゴミを高速破砕機で破砕し、それを脱水機の槽にセットした袋に入れて油圧の力でプレス・脱水する。左：減容脱水機 1000 リットルタイプ、中：脱水前（117kg）、右：脱水後（9kg）（画像提供：シンフォニージャパン）

Chapter 5

10

肥料成分の効率的な回収と活用技術

堆肥製造における新しい展開

堆肥化過程は基本的には好気的な環境で進行するため、アンモニア（NH_3）と二酸化炭素（CO_2）により、窒素（N）と炭素（C）が揮散します。そこで、畜糞の堆肥化処理施設では、主にアンモニアに由来する悪臭問題が発生することへの対策として、吸引通気処理を行ってアンモニアを回収し、液肥として利用する試みがあります。

このほかに、堆肥化過程の初期に乳酸菌を接種して特定の堆肥化装置で通気攪拌（かくはん）を行うと、酸性条件が維持されます。このシステムは、特にアンモニア揮散が抑制されるという報告があり、製品化されて販売されています。筆者らのグループでも、植物工場から発生する残渣をもとに堆肥を作製したところ、通常の牛糞堆肥に比べて酸性を示し、窒素含有量も高まりました。そして、通常の堆肥に比べて肥料の効果が高まることを、コマツナ栽培で確認しています。これらの現象がどの程度普遍的なのか、再現性とメカニズムの解明が必要です。

有機液肥や酸素剤の添加による有機物の有効活用

これまで、堆肥に比べて有機液肥は相対的に評価が進んでいない資材です。そこでまず、「廃棄されている肥料資源を、全体としていかに有効に利用するか」に着目します。そのため、「初期の生育や、生育が長期におよぶ場合の持続的な生産を可能とするために、即効性の液肥で補う」という考え方が合理的です。つまり、「有機液肥を含めた有機質肥料の、肥料としての性質を把握し、それらを組み合わせた生産システムとして評価をする」ところがポイントです。土づくりを行った土壌や培地に、追肥として有機液肥を添加していくという手法で、システムとして有機物を活用しつくすのです。

過酸化カルシウム（CaO_2）や過酸化マグネシウム（MgO_2）などのアルカリ土類金属の過酸化物は、水と反応して加水分解することにより酸素を放出する性質があります。酸素供給剤として市販されて、農業用途や土壌浄化、水質改善など、幅広い分野で応用されています。しかし、化学物質である CaO_2 や MgO_2 は、有機物を主要な施肥源にする農家に普及していません。また、これらの物質は培地のアルカリ化を進め、植物の生育の阻害要因になることも考えられます。そこで、堆肥施用した土壌の底部に酸素供給剤を層状に配置して栽培したところ、良好な生育結果が得られており、今後の有機物施用時の利活用に期待がかかります。

このように、廃棄物を余すことなく回収し、活用する「ゼロエミッション」に向けた技術開発とその普及が望まれています。1社の技術では限界がありますが、目的をある程度大きくとらえ、さまざまな要素技術を組み合わせて課題解決につなげるイノベーティブな循環システムの構築が求められています。

Chapter 5

11

エネルギーの回収・貯蔵技術と活用システムの必要性

農業におけるエネルギー依存の現状

農業におけるエネルギー投入は、作業機械の動力やハウスの暖房で消費される直接エネルギーと、化学肥料や農薬などの資材生産に伴う間接エネルギーとに大別されます。コメの場合、直接エネルギーは25％程度ですが、野菜では50％程度を占めます。

野菜の直接エネルギーを高めているのは施設園芸の暖房です。現状では、スマート農業の高度な生産を支える環境制御は化石燃料に大きく依存しています。しかし、スマート農業の先端を走るとされる施設生産こそ、枯渇する資源への依存からバイオマス等の再生可能エネルギーへの転換が求められる分野です。

自然エネルギーの回収技術とエネルギー貯蔵技術

太陽光発電は、シリコン半導体などに光が当たると電気が発生する現象を利用して、光エネルギーを直接電気に変換する発電方法です。世界中で着実に伸びている自然エネルギーですが、設置場所によっては災害誘発や景観破壊の問題もあるため、技術の適切な活用も求められています。マイクロ水力発電は、出力が100kW程度以下の水力発電のことです。発電設備が小規模で、農業用水路や上下水道などを利用する方式があり、水路が張り巡らされている日本に優位性がある技術です。風力発電は、ヨーロッパをはじめ、さまざまな国が導入数を増やしている発電方法です。日本でも太陽光に次ぐ設置数があり、再生可能エネルギーとして増加しています。

自然エネルギーへの転換が求められる中、変動のあるエネルギーを蓄積する技術の重要性が高まっています。日本では、1895年に島津製作所が鉛蓄電池の製造に成功して以来、世界における蓄電池シェアのトップをキープしています。充電によって電気を貯め、繰り返し使用できる蓄電池には、ニッケル水素電池、リチウムイオン電池、ナトリウム・硫黄電池（NAS電池）などがあり、生活に密着したエネルギー源として注目が集まっています。現在では、電気自動車はもちろん、農業機械にも活用されており、今後は、多様なアグリテックとのさらなる連動も必要です。

総合的な自然エネルギー活用システムの必要性

日本のヒートポンプ技術は世界に冠たるものですが、農業現場で効率的に稼働するインバーターの開発と、その現場実装が望まれています。脱化石燃料のキーテクは「農業電化」であり、ヒートポンプの普及になりますが、社会全体での脱化石燃料の流れがあるので、農業や食のみで完結させるというよりも、他産業との有機的な連携があるべき姿です。また、地域には特有の資源があり、未利用の熱や資源が偏在します。それぞれの地域の実情に合わせて資源を活用する要素技術を組み上げ、その持続性を循環経済として実証するしくみが必要で、社会のしくみや法制度の見直しも合わせて必要です。

Chapter 5

12

動物性タンパク質の新たな生産システム

増加するタンパク質の消費量

国連の推計では、世界の人口は約80億人（2022年11月）ですが、2050年には100億人に達するとされています。また、一般に、経済が豊かになると、畜産品を含めたタンパク質の消費が増加します。一方で、現在の家畜にはエサとなる穀物が必須であり、畜産品を消費することは間接的に穀物を大量に消費していることになります。たとえば、1kgの食肉を生産するのに必要なトウモロコシは、牛肉で11kg、豚肉で6kg、鶏肉で4kgになります。さらに、畜産品の生産には糞尿の発生が伴うなど、環境負荷の問題も発生します。

地球規模の人口増加を考えると、西洋的な肉食を中心としたタンパク質の供給を再考する局面にあるのかもしれません。実際、1日に必要なタンパク質量は体重の1000分の1であり、2050年には、年間約1.8億トン（1日あたり約50万トン）のタンパク質の供給が必要となります。これは、現在のタンパク質の供給量の約2倍に相当します。2030年頃には需要が供給を上回りはじめるという予測もあり、持続的なタンパク質の供給に向けた技術開発が急がれます。

注目される養殖と新たなタンパク資源としての昆虫

近年、大きな技術的進歩により、マグロの完全養殖が可能となりました。一方で、マグロ1kgを育てるには15kgのサバやイワシなどのエサが必要となるため、持続的なエサの開発や環境汚染に対処する技術開発が求められています。また、昆虫を自然から採取してくるだけでなく、積極的に飼育して食料とする試みがはじまっています。昆虫はウシやブタに比べ、少ない飼料で増体が可能であるのが特徴です。昆虫食の中でもコオロギ粉末は栄養価も高く、その62%がタンパク質であるほか、人間が1日に必要とするビタミンB_{12}の量が50gのコオロギ粉末に含まれます。

植物とタンパク質の複合生産システム

「アクアポニックス（Aquaponics）」とは、水耕栽培と養殖魚の複合生産システムです。生鮮野菜とタンパク質の供給手段のひとつとして研究されてきました。特に、魚から排泄される窒素成分の変化が植物や養殖魚の生育に大きく影響するため、植物と養殖魚の生育バランスを適切に保つ、N（窒素）収支の制御技術の開発がポイントです。欧米では、比較的悪い水環境でも生育し、高密度養殖に適するティラピアが養殖魚として用いられますが、コイやフナでもシステム構築ができることが示されており、化学肥料の使用を抑制した水耕栽培方法としても期待できます。植物を生産しつつ、廃棄物を有効に活用することで、持続的なタンパク質生産が可能となるシステムが社会実装されようとしています。

オランダにおけるアクアポニックスの事例。トマトの下、プラスチックの透明な囲いの下に、魚が群れ泳ぐ姿が見える（画像提供：デルフィージャパン・斎藤章氏）

Chapter 5

13

都市空間から宇宙空間に展開する循環型生産

都市空間での生物生産

生物生産については、環境制御技術の発展によりインドアファーミングが現実のものとなりました。「インドアファーミング」とは、屋内での農業生産で、LED等による環境制御やロボティクス技術、AIを活用して効率化が図られています。また、閉鎖型で化学合成農薬を使用しない「未来の有機農業」も可能でしょう。発生する残渣の活用は持続的生産の課題ですが、管理された環境では残渣の発生は量・質とも厳密に管理することができます。残渣の性質については、量と質を把握することにより、生産セクションと連結させてリサイクルが可能で、場合によっては、より付加価値の高い農産物になるアップサイクル（新たな価値を与えて再生する「創造的再利用」）も可能です。つまり残渣は、「混ぜればゴミであり、分ければ資源」なのです。今後は、残渣の自動収集と自動投入など、人手のかからない処理法も含めたシステム化が進展するでしょう。

有機物の活用については、太陽光型植物工場における適用がいくつか見られましたが、半閉鎖環境での評価に留まっています。今後、オフィス空間のような閉鎖性の高い都市空間に植物を導入し、その生産に有機物の利用を促進していく場合を想定すると、臭気や虫の問題が顕在化するでしょう。しかし、臭気の抑制には、培地のpH制御や、光触媒やプラズマ脱臭があります。また、JAXAと筆者らが共同研究・開発を行っている、残渣から発生するCO_2をゼオライト系吸着剤により回収・利用するシステムもこれらの課題解決に有効でしょう。

宇宙空間における循環的な食料生産

宇宙において食料自給を実施していくためには、食品残渣の有効利用は重要な課題です。なぜなら、宇宙で長期滞在するためには、宇宙で植物を生産することが必要になり、生元素は乏しいからです。そのため、宇宙空間で人類が生活するときには、元素の循環をより定量的に評価するという視点は必須です。宇宙で農産物を生産するのに必要な元素の供給源として残渣は貴重な資源ですが、限られた空間で効率的に残渣を処理する必要があり、高度な循環システムを構築する必要があります。

近い将来、宇宙の閉鎖環境で長期滞在する場合においても、資源循環に関する研究成果が活用されていくことでしょう。最終的には、宇宙における多様な農産物の生産から消費、そしてその循環までを、メンテナンスフリーのゼロエミッションシステムとして構築する必要があります。そしてそれを宇宙において実装することが、循環的な食料生産の究極の姿となるでしょう。

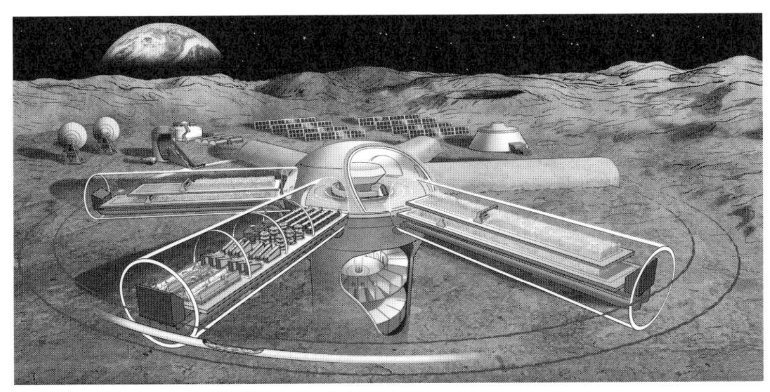

月面農場（100 人規模）全体イメージ（画像提供：©JAXA）

Chapter 5

14 ゼロCO_2を目指す施設生産

太陽エネルギーの活用による施設生産の環境制御

日本における約4万haの園芸施設のうち、約40%に暖房が導入されており、その熱源の95%は重油などの化石燃料による直接燃焼です。一方、電気ヒートポンプ（EHP、Electric Heat Pump）による暖房は4%程度であり、施設園芸におけるCO_2排出量の大幅削減には、EHPによる電化も含め、暖房熱源の代替策の導入が必須です。つまり、集約的な農業の象徴とも言える施設生産が、最も転換を迫られている農業の形態となっているのです。逆に言えば、施設生産がイノベーションによる課題解決を実証する場になる可能性を秘めているのです。

人類が1年間に消費するエネルギーを1とすると、地球に届いている太陽エネルギーは10,000になり、そのうち、植物の光合成による年間固定量は10に、化石資源エネルギーは200～300に相当します。光合成は光エネルギーを駆動力とした炭素の固定であり、合成の場である細胞を維持するために、水やミネラルを吸収します。人類はそれらの一部を食料や資源として利用しているに過ぎません。そして、施設生産はこの光合成を最大化するために、もっぱら化石燃料により加温してCO_2を施用しています。また場合によっては、電力を使用して夏期の夜間冷却や低日照時の補光も行います。このように、施設生産における環境制御は、植物の光利用効率を最大化するためになされています。よって、光合成の最大化を目指しながらその制御を脱化石燃料で行うことが、カーボンニュートラルな物質生産に向けた大きなコンセプトになります。

脱化石燃料に向けた省エネルギーによる効率化

施設生産における脱化石燃料の戦略は、まず、省エネルギーによる効率化（依存度の低減）です。イチゴのクラウン温度管理に代表される局所温度管理（空間制御）や、変温管理であるEOD（End of Day、日没）加温（時間制御）は、省エネルギーによる効率化の端的な例です。これらの手法は単位エネルギーあたりの農産物の生産性を高め、今後も改善されていくでしょう。

そして、脱化石燃料をハイレベルで達成した研究開発事例も出てきました。たとえば、蓄熱材として石を使うことでイチゴの収量を維持して、9割の脱化石燃料化が実証されました。このほか、木質ペレットによる暖房エネルギーの代替手法の開発が進み、ハイブリッド運転の合理性が示されました。生産現場がこれらの技術を組み込み、地域の実情に合った生産体系が構築されつつあり、さまざまな脱化石燃料に役立つ技術が蓄積されつつあります。

イチゴのクラウン（株元）部局所加温用テープヒーター（クラウンヒーター®）は、イチゴの温度感応部位であるクラウン部を直接加温して成長促進を図り、ビニールハウス内の省エネルギー化を図る（画像提供：光メタルセンター）

脱化石燃料の先進事例と未来のシステム

農林水産省が進めている「次世代施設園芸拠点」において、脱化石燃料に向けた取り組みが進んでいます。そのひとつの大分県拠点では、温泉熱供給システム（貯熱タンク300トン）により、2ha余りのハウスでも暖房設定温度16～18℃の維持が温泉熱のみで可能となり、燃油削減率100%が実証されました。また、富山県拠点では、産業廃棄物処理場の排熱や燃焼による発電電力で、暖房などに必要なエネルギーがまかなわれています。この取り組みでは化石燃料への直接依存はなく、他産業との連携のモデルになります。さらに、静岡県拠点では、暖房に木質ペレットボイラーが活用されることで、調査時の燃料単価は重油72円／kgに対して木質ペレット30円／kgとなり、重油削減率52%が達成されました。

オランダでは、ガスエンジン発電時に発生する電気、熱、CO_2の3つを施設生産に利用するトリジェネレーション・システム（Tri-generation System）が取り組まれてきました。日本では、廃棄物処理時のメタン消化で発生する電気、熱、CO_2、液肥の4つを活用するクワッドジェネレーション・システム（Quad-generation System）の取り組みがはじまっています。エネルギーは使用することで品質レベルが下がりますが、多段的（カスケード的）に利用することで資源として最大限有効に活用します。今後は、このような高次のカスケード利用システム（Cascading System）が、資源を余すところなく利用する、未来の標準システムになるでしょう。そして、ICTの進展により、農産物の多様性を維持しつつ資源利用を最大化する技術が発達して、地域の特性に合わせた「スマートな脱化石燃料施設生産システム」が構築されることでしょう。

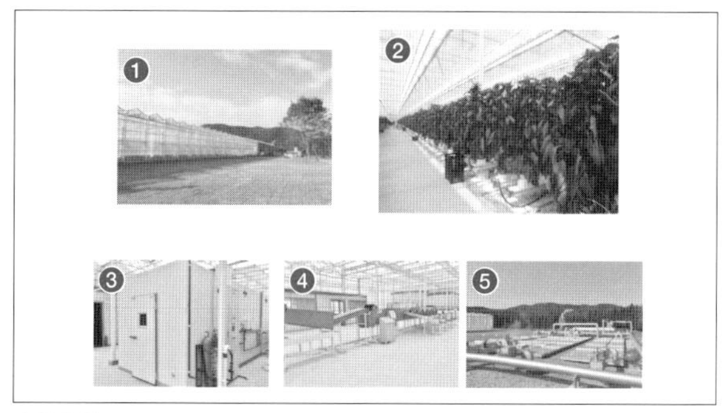

次世代施設園芸拠点：大分県九重町の状況
❶フェンロー型ガラスハウス（2.4ha）、❷ハウス内部（パプリカ栽培）、❸完全人工光型育苗装置、❹選果機、❺地中熱交換システム

次世代施設園芸拠点：富山県富山市の状況
❶積雪に対応した単棟ハウス（4.1ha）、❷蓄熱コンテナ、❸ハウス内部（トマト栽培）、❹高付加価値トマト、❺ハウス内部（トルコギキョウ）

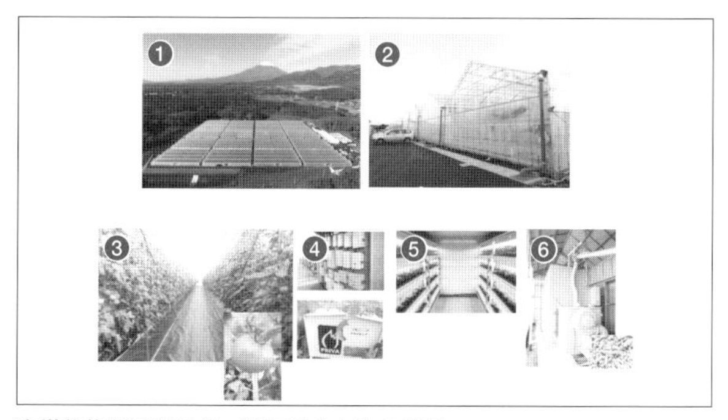

次世代施設園芸拠点：静岡県小山町の状況
❶静岡県拠点全景、❷ハウス（4ha）、❸ハウス内部（トマト栽培）、❹環境制御盤と温湿度センサー、❺種苗生産施設、❻木質ペレットボイラー（農林水産省Webサイト内「次世代施設園芸拠点　整備・稼働状況」をもとに作成）

Chapter 5

15

農業や流通における プラスチック消費と 脱石油の流れ

農産物の生産や流通で使用されるプラスチック

日本国内におけるプラスチック製品の年間消費量約1000万トンのうち、約13万トンが農林水産業で直接消費されていますが、ハウス被覆用の塩化ビニルフィルムやポリオレフィン系フィルムなどの廃プラスチックの約80%は、床材の一部や燃焼熱利用などに再生利用されています。園芸施設で使用されるプラスチック製品の使用量削減は、Reuse（再利用）、Reduce（節減）、Recycle（再生利用）がポイントであり、今後は流通で使用される包装用フィルムも含めて、バイオプラスチックへの代替を進めなければなりません。

フランスでは、2022年から、小売り販売における野菜や果物のプラスチック包装が禁止される流れにあります。一方で、野菜や果物の生産者団体やプラスチック業界団体は、代替容器を開発するための移行期間が短すぎることを主張して、議論がつづいています。

バイオプラスチックの現状と展望

バイオプラスチックは生分解性プラスチックとバイオマスプラスチックに大別できます。生分解性プラスチックは農業生産環境や堆肥化施設で微生物が分解できるプラスチックで、原料には化石原料由来とバイオマス資源由来があります。生分解性プラスチックはセルロース系フィルムの被覆フィルムとしての利用や、ポリ乳酸の養液栽培用培地としての活用の検討が進んでおり、マイクロプラスチックのように残存せず、自然に還ることがポイントです。

一方、バイオマスプラスチックは原料にバイオマスを使用したプラスチックで、石油を原料としないカーボンニュートラルがポイントです。「カーボンニュートラル」とは、温室効果ガスの排出量と吸収量を均衡させる（差し引いた合計をゼロにする）ことを意味します。植物バイオマスは大気中の CO_2 を吸収して生育するため、バイオマス由来のプラスチックを焼却しても相殺されるという考え方です。日本では、「プラスチック資源循環戦略」に基づく「バイオプラスチック導入ロードマップ」が策定され、「2030年までに、バイオマスプラスチックの最大限（約200万トン）導入を目指す」という目標が掲げられています。

ほかにも、ポリカーボネートやイソソルビド等のプラスチックをアンモニアで分解する過程で生成する尿素を、肥料として活用する事例が報告されています。アンモニア水の添加と加熱という比較的簡易なプロセスで持続的な材料の利用にも寄与できるため、さらなる応用技術の展開が期待されています。

バイオプラスチックの概念図

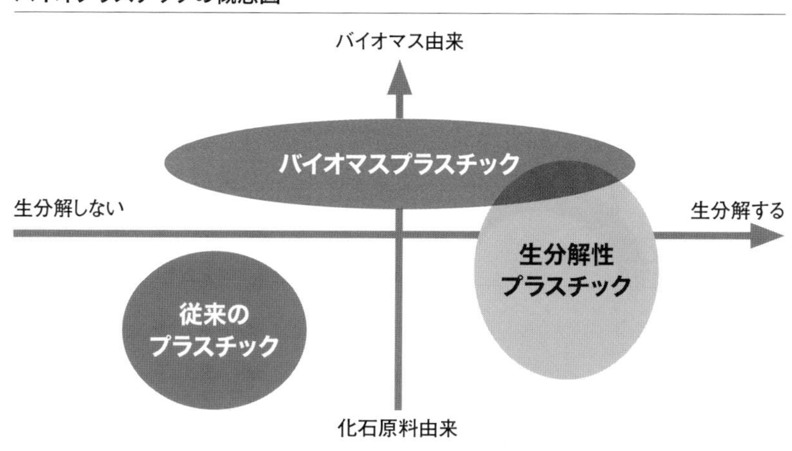

「バイオプラスチック」とは、植物由来原料からできた「バイオマスプラスチック」と、自然界で微生物によって分解される「生分解性プラスチック」の総称

Chapter 5

技術の進歩により進化する食と農業

大きな注目を集めるプラントベースフード

「いかに効率的に動物性タンパク質をつくるか」という課題以上に、植物食への転換が加速する可能性があります。豆はタンパク質を多く含む食材として、古くから活用が進んできましたが、従来の食肉に代わる食材として、近年、「大豆ミート」が大きな注目を集めています。その反面、コストや味といった課題がより鮮明になってきています。食品加工メーカーが大豆ミートを内製化することで、これらの課題を解決できる可能性があります。

たとえば、菱熱工業が開発した大豆ミートプロセッサーは、中小規模の食品加工企業でも導入可能であり、植物由来の原材料を使用した食品「プラントベースフード」の普及を加速させるツールとなるでしょう。このような機械を導入するメリットは、弾力や食感、味、形など、ユーザーのニーズに合った大豆ミートの生産が可能となることで、大豆ミート商品のクオリティー向上やオリジナル商品の開発につながる可能性を秘めています。

植物性タンパクの製造に特化し、機材サイズ、消費電力、機材価格も小さくなった大豆ミートプロセッサー（画像提供：菱熱工業）

デジタル情報や高度な加工技術の活用

基盤技術の進歩によって、さまざまな特性を活かした生鮮や加工などの素材が充実してきました。今後は、デジタル情報や高度な加工技術により、オーダーメイドかつオンデマンドでの食の供給が可能となってくるでしょう。たとえば、「個人の健康情報をもとに素材を選択し、個人の好みと組み合わせて料理にする」というレシピ提案が、すでに一部実装されています。また、加工技術を活用したフリーズドライなどの製品のほか、さまざまなペースト状の素材が開発されており、タンパク質を多く含む昆虫由来の素材もオプションになるでしょう。さらに、これらの多様な食材を組み合わせた3Dプリンターの活用や、やわらかい素材や機能性成分を多く含む食材を再構築して介護食をつくる試みも進んでいます。

ニーズを駆動力として進化する食と農業

食とそれを支える農業は、ニーズを駆動力として進化発展を遂げてきました。より栄養価の高い素材を安全においしく、そして簡便に利用する技術は、冷蔵技術や殺菌技術、加工技術から電子レンジに代表される家電製品など、枚挙にいとまがありません。「新しい食を受け入れる」という受容のプロセスへの配慮が必要です。「食は保守的」と言われ、地域ごとの歴史的経緯を一定量保持しつつも、新たな変革を受け入れて、総体的には緩やかに変化していくでしょう。そして、変化したものが「新たな伝統」として、次世代の基盤となっていくのでしょう。未来の食の大きな制限要因は人口です。地球における100億人状態を切り抜けるステージと、その後の適正人口のステージで、どのような食と農業を選択するのかは変わってきます。多様な選択肢を用意することは、アグリテックやフードテックに課せられた大きな使命です。

Chapter 5

17

地球と人類の存続をかけた重要な技術群

地球の自浄能力と人類の適正人口

資源の枯渇や環境の悪化などにより、食料の安定供給は今後さらに厳しい状況になることが予想されます。そこで、これらの要因を遅らせたり、回避したり、解決したりする手法として技術があるのです。一方、根本的な問題として、地球における過剰な人口があると考えます。つまり、アグリテックやフードテックは、地球の限りある資源を有効に活用して、増加する人口に対して豊かな食料を安定的に供給することを達成するための技術群なのです。

地球の1年間の自浄能力を、人類が使い切ってしまう日を示す「アース・オーバーシュート・デイ（EOD、Earth Overshoot Day）」という考え方があります。1970年のEODは12月30日で、1年間の人為的CO_2の排出を、地球がほぼすべて吸収していたと計算されます。しかし、EODは年々短くなる傾向にあり、2022年には7月28日で自浄能力を使い切ってしまう計算になります。この数値から、人類による環境負荷は地球の自浄能力の1.75倍あることがわかるため、環境汚染を減らすには、現在の人口（80億人）を半分に減らす必要があります。そして、地球環境を改善するための適正人口は、さらに半分の20億人であるという説もあります。

しかし、地球の人口が4分の1になると労働人口も減少するため、高いレベルでの持続的な食料供給のためには効率化は欠かせません。そのためにも、このような未来の社会に向けて、アグリテックやフードテックを展開していく必要があるのではないでしょうか。

かけがえのない地球

「ペイル・ブルー・ドット（Pale Blue Dot、色褪せた青色の点）」は、米国の天文学者カール・セーガンが、60億km先から見た地球を表現した言葉です。この最も遠くから地球を撮影した画像として世界的に有名な写真を見て、「この“点”について考えてみて欲しい。これが、私たちがいる地球で、故郷である。そして、地球は壮大な宇宙の小さな舞台に過ぎない。この小さな“点”の瞬きの支配者となった将軍や皇帝の勝利と栄光の影で流れ出た、おびただしい血の量を考えてみて欲しい。この1ピクセルの角に存在する住民が、まるで見分けのつかぬ別の角に存在する住民に対する、その終わりなき残虐行為を考えてみて欲しい。なぜ人類は頻繁に誤解し、殺戮を熱望し、強烈に憎悪し合うのか。遠く離れた小さな故郷を見せつける以上に、人類の愚かさを実感させてくれるものはないだろう。私にはこの“点”が、より親切に互いを思いやり、色褪せた青い点を守り、大事にすべきだと、そう強調しているように思えてならない。それがたったひとつの、我々の知る、故郷なのだから」と述べています。テクノロジーも、それをどのような「志」を持って使うのかが、人類として試されているのではないでしょうか。

さくいん

あ

か

な

は

ま

や

ら

数字

A〜Z

参考文献

『農学の野外科学的方法――「役に立つ」研究とはなにか』
菊池卓郎（著）、農山漁村文化協会、2000年
『図解グローバル農業ビジネス――新興国戦略が拓く日本農業の可能性』
井熊均、三輪泰史（著）、日刊工業新聞社、2011年
『食の安全・安心とセンシング――放射能問題から植物工場まで』
食の安全・安心と健康に関わるセンシング調査研究委員会（編）、共立出版、2012年
『農業と人間――食と農の未来を考える』生源寺眞一（著）、岩波書店、2013年
『私の地方創生論』今村奈良臣（著）、農山漁村文化協会、2015年
『農林水産物・飲食品の地理的表示――地域の産物の価値を高める制度利用の手引』
高橋梯二（著）、農山漁村文化協会、2015年
『食糧と人類――飢餓を克服した大増産の文明史』ルース・ドフリース（著）、小川敏子（訳）
日本経済新聞出版社、2016年
『小さな地球の大きな世界――プラネタリー・バウンダリーと持続可能な開発』
J.ロックストローム、M.クルム（著）、武内和彦、石井菜穂子（監修）、
谷淳也、森秀行ほか（訳）、丸善出版、2018年
『給食の歴史』藤原辰史（著）、岩波新書、2018年
『平成農業技術史』八木宏典、西尾敏彦、岸康彦（監修）、大日本農会（編）、
農山漁村文化協会、2019年
『スマート農業の現場実装と未来の姿』野口伸（監修）、北海道協同組合通信社、2019年
『「食べること」の進化史――培養肉・昆虫食・3Dフードプリンタ』石川伸一（著）、
光文社新書、2019年
『21世紀の農学――持続可能性への挑戦』生源寺眞一（編著）、培風館、2021年
『食料・農業・農村白書　令和3、4、5年版』農林水産省（編）、
日経印刷、2021、2022、2023年
『肉食の終わり――非動物性食品システム実現へのロードマップ』
ジェイシー・リース（著）、井上太一（訳）、原書房、2021年
『農業DX――業界標準の指南書（改革・改善のための戦略デザイン）』
片平光彦、中村恵二、榎木由紀子（著）、秀和システム、2022年
『ひとりではじめる植物バイオテクノロジー入門――組織培養からゲノム編集まで』
田部井豊、七里吉彦、三柴啓一郎、安本周平（編著）、国際文献社、2022年
『よくわかる最新代替肉の基本と仕組み――人口増加と環境問題の解決手段（図解入門）』
齋藤勝裕（著）、秀和システム、2022年

写真提供

中野明正、デ・リーフデ北上、横田農場、アイナックシステム、クボタ、ヤンマーアグリ、
パナソニックホールディングス、inaho、デンソー、NTTデータCCS、新潟県農業共済組合（NOSAI新潟）、
シブヤ精機、タカヒコアグロビジネス、菱熱工業、ジャパンドームハウス、阿蘇バイオテック、
三ケ日町農業協同組合、サナテックライフサイエンス、いけうち、AGRITO、夕張市農業協同組合、
大石産業、今治市役所、ジャパンプレミアムベジタブル、シンフォニージャパン、デルフィージャパン・斎藤章、
JAXA、光メタルセンター（順不同、敬称略）

著者略歴　中野明正　なかの・あきまさ

1990年九州大学農学部農芸化学科卒業。1992年京都大学大学院農学研究科修了。農学博士（名古屋大学）。1995年農林水産省入省。農業環境技術研究所、農研機構において園芸作物の生産技術に関する研究に従事。2012年から農研機構施設野菜生産プロジェクトリーダー、2017年から農林水産省農林水産技術会議事務局研究調整官（園芸、ゲノム、基礎・基盤担当）を務め、プログラムオフィサーとして「スマート育種」を推進、同省生産局園芸作物課では「スマート農業」を推進。2020年より千葉大学学術研究・イノベーション推進機構特任教授、2023年より千葉大学大学院園芸学研究院先端園芸工学講座教授。技術士（農業）、土壌医、野菜ソムリエ上級プロ。主な著書に『機能性野菜の教科書』『図解でよくわかる施設園芸のきほん』（いずれも、誠文堂新光社）など。

イラスト・カバーデザイン　小林大吾（安田タイル工業）

紙面デザイン　阿部泰之

やさしく知りたい先端科学シリーズ11

スマート農業　2024年5月20日　第1版第1刷発行

著者　中野明正

発行者　矢部敬一

発行所　株式会社 創元社

本社　〒541-0047
大阪市中央区淡路町4-3-6
電話 06-6231-9010（代）

東京支店　〒101-0051
東京都千代田区神田神保町1-2 田辺ビル
電話 03-6811-0662（代）

ホームページ　https://www.sogensha.co.jp/

印刷　図書印刷

ISBN978-4-422-40069-3 C0340